GÉNIE

DE

M. DE BUFFON.

GÉNIE

DE

M. DE BUFFON,

PAR M****.

Naturæ genium, patriæ decus ac decus ævi.
Anti-Luc.

A PARIS,

Chez PANCKOUCKE, Hôtel de Thou, rue
des Poitevins,

M. DCC. LXXVIII.
Avec Approbation & Privilége du Roi.

DISCOURS

PRÉLIMINAIRE.

Quoique l'Histoire Naturelle
soit la source des autres Sciences
physiques & la mère des Arts,
l'étude en a été négligée jusqu'à
nos jours. Le spectacle que présente l'Univers, ravissoit les hommes, sans attirer leur curiosité.
Contens d'admirer la forme & la
magnificence extérieure de la matière, ils ne cherchoient pas à pénétrer l'intérieur des objets. Ceux
qui comprirent que l'étude de la
Nature est seule digne d'occuper,

a iij

& de satisfaire un esprit raisonnable, furent peut-être rebutés par l'incertitude & l'aridité qu'ils voyoient régner chez les Maîtres qui l'avoient cultivée. *Aristote*, moins jaloux d'arracher à la Nature ses secrets, que de la plier à ses idées, la vit non pas telle qu'elle est, mais telle qu'il la vouloit voir : il donna des noms pour des causes, & crut résoudre, par un mot, les plus difficiles problèmes. Pour se frayer de nouvelles routes, il abandonna celles des Philosophes qui l'avoient précédé : ceux-ci avoient cru que les changemens, qui arrivent dans la Nature, ne font qu'un nouvel arrangement des particules de la matière; *Aristote* enseigna qu'il se perdoit des êtres, & qu'il s'en produisoit de nouveaux.

Ses difciples ne firent qu'ajouter de nouvelles erreurs aux fiennes. Il n'y eut point d'abfurdité qui n'eût fes partifans & fes défenfeurs. Toutes les Ecoles étoient Péripatéticiennes , lorfqu'enfin *Defcartes* parut , & vengea les droits de la raifon, de la tyrannie des préjugés. Ce fut alors que la Phyfique fortit du fein des ténèbres , dont l'avoit enveloppé le Précepteur d'*Alexandre.* Mais au règne du Péripatétifme fuccéda celui de l'efprit Hypothétique : d'un excès on tomba dans un autre; l'erreur fit place à l'erreur. *Defcartes* , prenant les ardeurs d'une imagination exaltée pour le flambeau paifible de la vérité , négligea l'obfervation des effets réels., & fe livra à la fpéculation des caufes probables : il ignora

a iv

le méchanifme de la Nature, parce qu'il n'étudia point l'enchaînement & les loix des divers phénomènes. Il ne laiffa pas, malgré fes fyftêmes, de rendre de grands fervices à la Phyfique, & de faciliter la découverte de la vérité. Enfin, *Newton* parut. Tout prit alors une nouvelle face. Ce Philofophe ouvrit des fentiers plus fûrs. Créateur d'un fyftême fimple & analogue à la Nature, il fubftitua la demonftration aux conjectures ; il nous apprit à confulter l'expérience plutôt qu'à décider, à évaluer les effets, fans nous flatter d'avoir pénétré les caufes.

C'eft lorfque le voile, que la Nature oppofoit à nos yeux pour nous dérober fes myftères, étoit prefque entiérement foulevé, qu'il falloit la peindre, & tracer le grand tableau de ses opérations. Aussi est-ce dans cette circonstance, que la Nature elle-même a pris soin de former celui qui devoit avoir la gloire de nous dévoiler ses secrets. Elle l'a doué, pour cet effet, d'un génie vaste & pénétrant, capable de saisir les objets les plus éloignés, de mesurer les plus étendus, d'atteindre les plus sublimes, de découvrir les rapports, d'appercevoir toutes les nuances, d'embrasser l'ensemble des choses les plus compliquées. Le rival de *Lucrèce* & de *Platon*, M. de Buffon, est autant supérieur à *Ariftote* & à *Pline*, que la saine Philosophie de nos jours l'emporte sur les erreurs de l'ancienne Physique. Il est par-tout égal à son ſujet, éloge le plus grand qu'on puiſſe faire de l'Hiſtorien des merveilles de l'Univers ! Il eſt ſimple, varié, majeſtueux comme la Nature qu'il peint d'une manière ſi vraie & ſi énergique : comme elle, il deſcend dans les plus petits détails, pour ne point laiſſer de lacune dans un ſujet où tout eſt intéreſſant. L'*Hiſtoire Naturelle*, la plus utile & la plus belle production de ce ſiécle, eſt un monument d'éloquence & de génie, auquel l'Antiquité n'a rien à oppoſer, & qui fera l'admiration des âges futurs. En la liſant, qui n'accordera à ſon illuſtre Auteur ces deux qualités qu'il exige lui-même dans un Naturaliſte, & qui paroiſſent ſi oppoſées : les grandes vues d'un génie ardent, qui embraſſe tout d'un coup-

d'œil, & les petites attentions
d'un inſtinct laborieux, qui ne
s'attache qu'à un ſeul point ? Qui
ne lui appliquera ce qu'il dit de
Pline, que non-ſeulement il ſait
tout ce qu'on peut ſavoir, mais
qu'il a encore cette facilité de
penſer en Grand, qui multiplie
la ſcience ? On n'admire pas
moins la profondeur & l'étendue
de ſes recherches, la force & la
ſolidité de ſes raiſonnemens, que
la nobleſſe & la pureté de ſon
ſtyle, l'harmonie & la clarté de
ſon expreſſion. Ce que la Philo-
ſophie a de plus ſublime, la Phyſique de plus curieux, l'Eloquence
de plus noble, la Poéſie de plus
brillant, ſe trouve raſſemblé dans
l'*Hiſtoire Naturelle.* Par-tout on
voit à-la-fois un Philoſophe,
un Orateur, un Poëte inſpiré par

l'amour de la vérité , qui peint
avec grace, qui intéreffe le cœur,
qui élève l'efprit ; par - tout il
feme des fleurs : defcriptions
agréables , images riantes, fentimens nobles & touchans, réflexions profondes , idées fublimes , tout eft réuni dans fon ouvrage ; il peut fournir des exemples de tous les genres de beautés.

Quelques efprits , dénués d'i-
magination , ont trouvé le ftyle
de M. de Buffon trop poétique :
mais à qui convenoit de peindre,
dit M. *Paliffot*, fi ce n'eft à l'Hiftorien de la Nature ? Et le moyen
de peindre en Maître, fans dérober quelquefois le feu facré de la
Poéfie ? Plaignons les Lecteurs
infenfibles aux traits vifs & touchans, que le Peintre de la Nature a employés pour animer fes

tableaux. Ne devoit-il pas se servir de couleurs brillantes & variées, pour soutenir l'attention des Lecteurs peu familiarisés avec les objets sublimes, & qui se rebutent dès qu'il leur en coûte pour concevoir? Il a eu le talent rare de mettre les matières les plus abstraites à la portée des esprits les plus communs, sans leur rien faire perdre du côté de l'énergie; & sa plume leur a prêté des ornemens dont, jusques à lui, elles n'avoient pas paru susceptibles.

Mais ce qu'on doit le plus admirer dans l'*Histoire Naturelle*, c'est cet enchaînement, cet ordre qui règne dans les diverses parties de ce vaste édifice; c'est sur-tout cette unité qui en fait le charme, & qui annonce le vrai génie. Les productions de la Nature elle-même ne font fi admirables & fi parfaites, que parce que chaque ouvrage forme un tout, & qu'elle travaille fur un plan éternel dont elle ne s'écarte jamais. Ses productions nous étonnent, mais c'eft l'empreinte divine, dont elles portent les traits, qui doit nous frapper davantage, comme l'a remarqué M. *de Buffon* lui-même.

Ce fublime Hiftorien commence le tableau de la Nature par ce qu'il y a de plus grand, & defcend enfuite, par degrés, aux objets qui font plus à notre portée. Il explique d'abord la formation de l'Univers, qui a tant exercé la curiofité philofophique. Si fon fyftême ne porte pas tous les traits de l'évidence, c'eft qu'il n'eft pas donné à l'homme de participer à l'intelligence fuprême : mais fes conjectures font les plus vraifemblables qu'on ait imaginées, puifque par elles on explique plus de phénomènes que par toute autre opinion. Elles conduifent d'ailleurs à d'heureufes découvertes, elles étendent la fphère de nos idées, & élèvent l'ame du Lecteur. On aime à voir l'efprit humain s'échapper de fon cercle étroit, s'élancer jufqu'aux plus fublimes régions, parcourir l'étendue, entrer, pour ainfi dire, dans le confeil du Très - Haut, étudier en quelque forte le génie de ce grand Architecte, & fe rendre témoin du développement du chaos.

Après nous avoir introduits dans le fanctuaire de la Nature, M. *de Buffon* nous ramène à la

décoration extérieure de la terre.
Il expose d'abord les différentes
propriétés de cet élément invisible & léger qui l'environne ; de
cette chaleur, distribuée dans
toutes ses parties, qui en est l'ame
& la vie : il nous apprend que
ces hauteurs prodigieuses, qui
forment des chaînes aussi éten-
dues que les continens, ne sont
point des excrescences inutiles &
difformes d'un globe mal-arrangé ;
mais qu'on doit les regarder
comme des instrumens admirables, construits & ordonnés par
le Créateur, pour distribuer ses
bienfaits à toute la terre. Les
montagnes arrêtent les vapeurs
de l'air, & forment, dans leur
sein, de vastes réservoirs d'où
découlent des eaux vives & salutaires, qui répandent dans les

campagnes le germe de la fécondité. Ces cavités immenfes faites pour en recevoir le fuperflu , & dont l'étendue eft auffi grande que celle de la terre, forment un empire auffi riche que peuplé. Lorfqu'on a étudié, avec M. *de Buffon*, tous les phénomènes de la Nature, les bienfaits ainfi que les rigueurs de cette fage mère , on eft forcé de reconnoître par-tout les traces de la Divinité , par-tout elle s'offre à nos regards. S'il fe trouve des cenfeurs de l'Univers, ce font ou des ignorans , ou des hommes qui voudroient qu'il n'eût été fait que pour eux, & qu'il n'eût eu que leur commodité pour objet.

Une hiftoire plus intéreffante fuit le tableau des révolutions du globe. L'étude propre de l'homme eſt l'homme. Cette ma-xime, par laquelle l'*Homère* An-glois entendoit l'examen réfléchi des paſſions & des vices, s'appli-que également, avec juſteſſe, à l'homme matériel, c'eſt-à-dire, aux différentes parties qui conſti-tuent notre individu. Cette étude eſt même préférable à la pre-mière, parce qu'elle eſt ſujette à moins d'erreurs. L'Hiſtoire Na-turelle, dont l'anatomie eſt la branche la plus eſſentielle, n'a beſoin ni de ſuppoſitions, ni d'aveugle crédulité : elle ne cher-che point à ſurprendre l'imagi-nation, elle parle aux yeux un langage intelligible, & c'eſt par elle que nous parvenons à la con-noiſſance morale de nous-mêmes. Peut-on, en effet, examiner la ſtructure du corps humain, ſans pénétrer jufqu'au fublime principe qui l'anime ?

Après nous avoir démontré l'excellence de notre nature, & fa fupériorité fur celle des bêtes, M. de Buffon fait une defcription vraie & éloquente du corps humain. Le Créateur ne fe contenta pas d'en façonner, d'en polir l'extérieur ; il conftruifit au dedans ce qui doit lui donner la vie, le mouvement & la fécondité, & fabriqua, avec une économie dont lui feul étoit capable, tous ces refforts qui produifent les fenfations, qui, à leur tour, font naître les penfées. M. de Buffon trace un magnifique tableau de la foibleffe & de la grandeur de l'homme : il fait connoître fes organes, le développement & les fonctions des fens,

leur uſage dans toute ſon étendue, les erreurs auxquelles nous
ſommes aſſujettis par la Nature ;
il finit enſuite par un morceau
ſublime, où il fait parler le premier homme , tel qu'on peut
croire qu'il étoit au moment de
la création, c'eſt-à-dire, avec ſes
organes parfaitement formés ,
mais tout neuf pour lui-même &
pour tout ce qui l'environnoit.

Je ne continuerai point cette
foible eſquiſſe de l'immenſe tableau de la Nature. C'eſt avec
ſon Hiſtorien qu'il faut parcourir
l'Univers , pour remarquer *les
variétés qui diſtinguent l'eſpèce humaine :* c'eſt avec lui qu'il faut
étudier la Nature, & l'hiſtoire de
ces animaux utiles, devenus nos
amis & nos bienfaiteurs, & de
ces animaux féroces qui ſavent

fe fouftraire à notre puiffance,
& femblent partager avec nous
l'empire de la terre : c'eft avec ce
génie fublime qu'il faut *voir* la
Nature, la prendre fur le fait,
en découvrir les refforts.

Si les hommes fe peignent dans
leurs écrits, quelle idée l'*Hiftoire
Naturelle* ne doit-elle pas nous
donner de fon Auteur ? Je n'en-
treprends pas de le repréfenter tel
qu'il eft. Il n'appartient qu'aux
grands Peintres de nous retracer
les grands hommes. Le nom de
M. de Buffon eft écrit dans les
faftes de l'Univers. Perfonne n'i-
gnore qu'il s'eft rendu immortel,
en réuniffant des vertus mâles à
des talens fupérieurs. Il a pris
pour bafe notre Religion fainte,
& a reconnu la néceffité d'une
révélation divine, dans un temps

où l'impiété triomphe, où l'abus
de l'efprit eft appellé raifon, où
les paradoxes font devenus des
principes.

Il eft inutile d'expofer ici les
motifs qui nous engagent à donner cet extrait de l'*Hiſtoire Naturelle* au Public. Nous avons eu
en vue principalement la jeuneſſe.
On fait que le defir de favoir eft
actif à cet âge, & qu'on tire de
cette heureufe difpofition tout
le bien qu'elle peut produire ,
lorfqu'on l'occupe à des objets
propres à attacher l'efprit par
l'attrait du plaifir, & à l'éclairer
par l'inſtruction. Or , ce double
avantage fe trouve d'une manière
parfaite dans l'étude de la Nature. Nous croyons que ce recueil fera bien reçu & des Lecteurs inſtruits, qui y trouveront

une idée exacte des connoissances de l'Auteur & de celles de son siécle ; & de ces Lecteurs peu faits pour méditer, qui, n'aimant que la variété, se rebutent dès que l'ouvrage exige une attention trop suivie.

Le Privilége se trouve aux Ouvrages de M. DE BUFFON.

TABLE

Des ARTICLES contenus dans ce Volume.

DISCOURS PRÉLIMINAIRE,

b

Fin de la Table.

GÉNIE

GÉNIE

DE

M. DE BUFFON.

I.

*L'HOMME après la création,
ou le développement des sens.*

JE me souviens de cet instant plein
de joie & de trouble, où je sentis
pour la premiere fois ma singuliere
existence ; je ne savois ce que j'étois,
où j'étois, d'où je venois. J'ouvris
les yeux ; quel surcroît de sensation !
la lumiere, la voûte céleste, la verdure de la terre, le crystal des eaux,
tout m'occupoit, m'animoit, & me
donnoit un sentiment inexprimable
de plaisirs ; je crus d'abord que tous

A

ces objets étoient en moi, & faisoient partie de moi-même.

Je m'affermissois dans cette pensée naissante, lorsque je tournai les yeux vers l'astre de la lumiere, son éclat me blessa ; je fermai involontairement la paupiere, & je sentis une légere douleur. Dans ce moment d'obscurité je crus avoir perdu presque tout mon être.

Affligé, saisi d'étonnement, je pensois à ce grand changement ; quand tout-à-coup j'entends des sons ; le chant des oiseaux, le murmure des airs formoient un concert dont la douce impression me remuoit jusqu'au fond de l'ame ; j'écoutai long-temps, & je me persuadai bientôt que cette harmonie étoit moi.

Attentif, occupé tout entier de ce nouveau genre d'existence, j'oubliois déja la lumiere cette autre partie de mon être que j'avois connue la premiere. Lorsque je rouvris les yeux,

quelle joie de me retrouver en pof-
feffion de tant d'objets brillans ! mon
plaifir furpaffa tout ce que j'avois
fenti la première fois , & fufpendit
pour un temps le charmant effet des
fons.

Je fixai mes regards fur mille objets divers , je m'apperçus bien - tôt
que je pouvois perdre & retrouver
ces objets, & que j'avois la puiffance
de détruire & de reproduire à mon
gré cette belle partie de moi-même,
& quoiqu'elle me parût immenfe en
grandeur par la quantité des acci-
dents de lumière & par la variété
des couleurs, je crus reconnoître que
tout étoit contenu dans une portion
de mon être.

Je commençois à voir fans émo-
tion & à entendre fans trouble, lorfqu'un air léger dont je fentis la fraîcheur , m'apporta des parfums qui
me causèrent un épanouiffement intime & me donnèrent un fenti-

ment d'amour pour moi-même.

Agité par toutes ces senfations, preffé par les plaifirs d'une fi grande & fi belle exiftence, je me levai tout d'un coup, & je me fentis tranfporté par une force inconnue.

Je ne fis qu'un pas, la nouveauté de ma fituation me rendit immobile, ma furprife fut extrême, je crus que mon exiftence fuyoit, le mouvement que j'avois fait, avoit confondu les objets, je m'imaginois que tout étoit en défordre.

Je portai la main fur ma tête, je touchai mon front & mes yeux, je parcourus mon corps, ma main me parut être alors le principal organe de mon exiftence; ce que je fentois dans cette partie étoit fi diftinct & fi complet; la jouiffance m'en paroif-foit fi parfaite en comparaifon du plaifir que m'avoient caufé la lu-mière & les fons, que je m'attachai tout entier à cette partie folide de mon être, & je sentis que mes idées prenoient de la profondeur & de la réalité.

Tout ce que je touchois sur moi, sembloit rendre à ma main sentiment pour sentiment, & chaque attouchement produisoit dans mon ame une double idée.

Je ne fus pas long-temps sans m'appercevoir que cette faculté de sentir étoit répandue dans toutes les parties de mon être, je reconnus bien-tôt les limites de mon existence, qui m'avoit paru d'abord immense en étendue.

J'avois jeté les yeux sur mon corps, je le jugeois d'un volume énorme & si grand, que tous les objets qui avoient frappé mes yeux ne me paroissoient être en comparaison que des points lumineux.

Je m'examinai long-temps, je me regardois avec plaisir, je suivois ma main de l'œil & j'observois ses mou-

vemens ; eus fur tout cela les idées
les plus étranges , je croyois que
le mouvement de ma main n'étoit
qu'une efpèce d'exiftence fugitive,
une fucceffion de chofes femblables;
je l'approchai de mes yeux, elle me
parut alors plus grande que tout mon
corps, & elle fit difparoître à ma
vue un nombre infini d'objets.

Je commençai à foupçonner qu'il
y avoit de l'illufion dans cette fenfation qui me venoit par les yeux;
j'avois vû diftinctement que ma main
n'étoit qu'une petite partie de mon
corps, & je ne pouvois comprendre
qu'elle fût augmentée au point de
me paroître d'une grandeur déme-
furée ; je réfolus donc de ne me fier
qu'au toucher qui ne m'avoit pas
encore trompé , & d'être en garde
fur toutes les autres façons de fentir
& d'être.

Cette précaution me fut utile; je
m'étois remis en mouvement & je

marchois la tête haute & levée vers le ciel, je me heurtai légèrement contre un palmier; faisi d'effroi, je portai ma main fur ce corps étranger, je le jugeai tel, parce qu'il ne me rendit pas fentiment pour fentiment; je me détournai avec une efpèce d'horreur, & je connus pour la première fois qu'il y avoit quelque chofe hors de moi.

Plus agité par cette nouvelle découverte que je ne l'avois été par toutes les autres, j'eus peine à me raffurer, & après avoir médité fur cet évènement, je conclus que je devois juger des objets extérieurs, comme j'avois jugé des parties de mon corps, & qu'il n'y avoit que le toucher qui put m'affurer de leur exiftence.

Je cherchai donc à toucher tout ce que je voyois, je voulois toucher le foleil, j'étendois les bras pour embraf fer l'horizon, & je ne trouvois que le vuide des airs.   A 4

A chaque expérience que je ten-
tois, je tombois de surprise en surprise ; car tous les objets me paroif-
foient être également près de moi,
& ce ne fut qu'après une infinité
d'épreuves que j'appris à me servir
de mes yeux pour guider ma main,
& comme elle me donnoit des idées
toutes différentes des impreffions que
je recevois par le fens de la vue,
mes fenfations n'étant pas d'accord
entre elles, mes jugemens n'en étoient
que plus imparfaits, & le total de
mon être n'étoit encore pour moi-
même qu'une exiftence en confufion.

Profondément occupé de moi, de
ce que j'étois, de ce que je pouvois
être, les contrariétés que je venois
d'éprouver m'humilièrent ; plus je ré-
fléchiffois, plus il fe préfentoit de
doutes : laffé de tant d'incertitudes ;
fatigué des mouvemens de mon ame,
mes genoux fléchirent, & je me trouvois dans une fituation de repos. Cet

état de tranquillité donna de nouvelles forces à mes sens ; j'étois assis à
l'ombre d'un bel arbre, des fruits
d'une couleur vermeille descendoient
en forme de grappe à la portée de
ma main, je touchai légèrement,
aussitôt ils se séparèrent de la branche,
comme la figue s'en sépare dans le
temps de sa maturité.

J'avois saisi un de ces fruits, je
m'imaginois avoir fait une conquête,
& me glorifiois de la faculté que je
sentois de pouvoir contenir dans ma
main un autre être tout entier ; sa
pesanteur, quoique peu sensible, me
parut une résistance animée que je
me faisois un plaisir de vaincre.

J'avois approché ce fruit de mes
yeux, j'en considérois la forme & les
couleurs, une odeur délicieuse me le
fit approcher davantage ; il se trouva
près de mes lèvres ; je tirois à longues
inspirations le parfum, & goûtois à
longs traits les plaisirs de l'odorat ;

j'étois intérieurement rempli de cet air embaumé, ma bouche s'ouvrit pour l'exhaler, elle se rouvrit pour en reprendre ; je sentis que je possédois un odorat intérieur plus fin, plus délicat encore que le premier ; enfin je goûtai.

Quelle saveur ! quelle nouveauté de sensation ! jusque-là je n'avois eu que des plaisirs, le goût me donna le sentiment de la volupté, l'intimité de la jouissance fit naître l'idée de la possession ; je crus que la substance de ce fruit étoit devenue la mienne, & que j'étois le maître de transformer les êtres.

Flatté de cette idée de puissance, excité par le plaisir que j'avois senti, je cueillis un second & un troisième fruit, & je ne me lassois pas d'exercer ma main pour satisfaire mon goût ; mais une langueur agréable s'emparant peu à peu de tous mes sens, appésentit mes membres & sus-

pendit l'activité de mon ame ; je jugeai de son inaction par la mollesse
de mes pensées, mes sensations ar-
rondissoient tous les objets & ne me
présentoient que des images foibles
& mal terminées ; dans cet instant
mes yeux devenus inutiles se fermè-
rent, & ma tête n'étant plus soute-
nue par la force des muscles, pencha,
pour trouver un appui sur le gazon.

Tout fut effacé, tout disparut ; la
trace de mes pensées fut interrom-
pue, je perdis le sentiment de mon
existence : ce sommeil fut profond,
mais je ne sais s'il fut de longue durée, n'ayant point encore l'idée du
temps & ne pouvant le mesurer ;
mon réveil ne fut qu'une seconde
naissance & je sentis seulement que
j'avois cessé d'être.

Cet anéantissement que je venois
d'éprouver, me donna quelque idée
de crainte & me fit sentir que je ne
devois pas exister toujours.

A 6

J'eus une autre inquiétude, je ne favois fi je n'avois pas laiſſé dans le ſommeil quelque partie de mon être, j'eſſayai mes ſens, je cherchai à me reconnoître.

Mais tandis que je parcourois des yeux, les bornes de mon corps pour m'aſſurer que mon exiſtence m'étoit demeurée toute entière, quelle fut ma ſurpriſe de voir à mes côtés une forme ſemblable à la mienne! je la pris pour un autre moi-même; loin d'avoir rien perdu pendant que j'avois ceſſé d'être, je crus m'être doublé. Je portai ma main ſur ce nouvel être; quel ſaiſiſſement! ce n'étoit pas moi; mais plus que moi, mieux que moi: je crus que mon exiſtence alloit changer de lieu & paſſer toute entière à cette ſeconde moitié de moi-même.

Je la ſentis s'animer ſous ma main, je la vis prendre de la penſée dans mes yeux, les ſiens firent couler dans mes veines une nouvelle source de vie, j'aurois voulu lui donner tout mon être; cette volonté vive acheva mon existence : je sentis naître un sixième sens.

Dans cet instant, l'astre du jour sur la fin de sa course, éteignit son flambeau, je m'apperçus à peine que je perdois le sens de la vue; j'existois trop pour craindre de cesser d'être, & ce fut vainement que l'obscurité où je me trouvois, me rappela l'idée de mon premier sommeil.

I I.

Principes de l'Homme.

L'HOMME intérieur est double, il est composé de deux principes différens par leur nature, & contraires par leur action. L'ame, ce principe spirituel, ce principe de toute connoiſſance, eſt toujours en oppoſition avec cet autre principe animal & purement matériel : le premier eſt une lumière pure qu'accompagnent le calme & la férénité, une ſource ſalutaire dont émanent la ſcience, la raiſon, la ſageſſe ; l'autre eſt une fauſſe lueur qui ne brille que par la tempête & dans l'obſcurité, un torrent impétueux qui roule & entraîne à ſa ſuite les paſſions & les erreurs.

Le principe animal ſe développe le premier ; comme il eſt purement matériel, il commence à agir dès que le corps peut ſentir de la douleur ou du plaiſir, il nous détermine le premier & auſſitôt que nous pouvons faire uſage de nos ſens. Le principe ſpirituel ſe manifeſte plus tard, il ſe développe, il ſe perfectionne au moyen de l'éducation ; c'eſt par la communication des penſées d'autrui que l'enfant en acquiert & devient lui-même penſant & raiſonnable,

& fans cette communication, il ne feroit que ftupide ou fantafque, felon le degré d'inaction ou d'activité de fon fens intérieur matériel.

Il eft aifé, en rentrant en foi-même, de connoître l'exiftence de ces deux principes: il y a des inftans dans la vie, il y a même des heures, des jours, des faifons où nous pouvons juger, non-feulement de la certitude de leur exiftence, mais auffi de leur contrariété d'action. Je veux parler de ces temps d'ennui, d'indolence, de dégoût, où nous ne pouvons nous déterminer à rien, où nous voulons ce que nous ne faifons pas, & faifons ce que nous ne voulons pas; de cet état ou de cette maladie à laquelle on a donné le nom de *vapeurs*, état où fe trouvent fi fouvent les hommes oififs, & même les hommes qu'aucun travail ne commande. Si nous nous obfervons dans cet état, notre *moi* nous paroîtra divisé en deux personnes, dont la première, qui représente la faculté raisonnable, blâme ce que fait la seconde; mais n'est pas assez forte pour s'y opposer efficacement & la vaincre; au contraire, cette dernière étant formée de toutes les illusions de nos sens & de notre imagination, elle contraint, elle enchaîne, & souvent elle accable la première, & nous fait agir contre ce que nous pensons, ou nous force à l'inaction, quoique nous ayons la volonté d'agir.

Dans ce temps où la faculté raisonnable domine, on s'occupe tranquillement de soi-même, de ses amis, de ses affaires; mais on s'apperçoit encore, ne fut-ce que par des distractions involontaires, de la présence de l'autre principe. Lorsque celui-ci vient à dominer à son tour, on se livre ardemment à sa dissipation, à ses goûts, à ses passions, & à peine réfléchit-on par instans sur les objets même qui nous occupent & qui nous remplissent tout entiers. Dans ces deux états nous sommes heureux ; dans le premier nous commandons avec satisfaction, & dans le second nous obéissons encore avec plus de plaisir : comme il n'y a que l'un des deux principes qui soit alors en action, & qu'il agit sans opposition de la part de l'autre ; nous ne sentons aucune contrariété intérieure, notre *moi* nous paroît simple, parce que nous n'éprouvons qu'une impulsion simple, & c'est dans cette unité d'action que consiste notre bonheur ; car pour peu que par des réflexions nous venions à blâmer nos plaisirs, ou que par la violence des passions nous cherchions à haïr la raison, nous cessons dès-lors d'être heureux, nous perdons l'unité de notre existence en quoi consiste notre tranquillité ; la contrariété intérieure se renouvelle, les deux personnes se représentent en

oppofition, & les deux principes fe
font fentir & fe manifeftent par les
doutes, les inquiétudes & les remords.

De-là, on peut conclure que le
plus malheureux de tous les états,
eft celui où ces deux puiffances fou-
veraines de la nature de l'homme,
font toutes deux en grand mouvement, mais en mouvement égal &
qui fait équilibre ; c'eft-là le point
de l'ennui le plus profond, & de cet
horrible dégoût de foi-même, qui ne
nous laiffe d'autre défir que celui
de ceffer d'être, & ne nous permet
qu'autant d'action qu'il en faut pour
nous détruire, en tournant froide-
ment contre nous des armes de fureur.

III.

L'Ame comparée au Corps.

Notre ame n'a qu'une forme très-simple, très-générale, très-constante ; cette forme est la pensée, il nous est impossible d'appercevoir notre ame autrement que par la pensée ; cette forme n'a rien de divisible, rien d'étendu, rien d'impénétrable, rien de matériel ; donc le sujet de cette forme, notre ame, est indivisible & immatériel : notre corps au contraire, & tous les autres corps, ont plusieurs formes, chacune de ces formes est composée, divisible, variable, destructible, & toutes sont relatives aux différens organes avec lesquels nous les appercevons ; notre corps, & toute la matière, n'a donc rien de constant, rien de réel, rien de général par où nous puissions la saisir & nous assurer de la connoître. Un

aveugle n'a nulle idée de l'objet matériel qui nous repréfente les images des corps ; un lépreux, dont la
peau feroit infenfible, n'auroit aucune des idées que le toucher fait
naître ; un fourd ne peut connoître
les fons ; qu'on détruife fucceffive-
ment ces trois moyens de fenfation
dans l'homme qui en eft pourvu,
l'ame n'en exiftera pas moins, les
fonctions intérieures fubfifteront, &
la penfée fe manifeftera toujours au-
dedans de lui-même : ôtez au contraire toutes ces qualités à la matière, ôtez-lui fes couleurs, fon étendue, fa folidité & toutes les autres
propriétés relatives à nos fens, vous
l'anéantirez ; notre ame eft donc im-
périffable, & la matière peut & doit
mourir.

Il en eft de même des autres facultés de notre ame comparées à celles de notre corps, & aux propriétés les plus effentielles à toute ma-

tière. L'ame veut & commande, le corps obéit tout autant qu'il le peut; l'ame s'unit indistinctement, à tel objet qu'il lui plaît, la distance, la grandeur, la figure, rien ne peut nuire à cette union lorsque l'ame le veut, elle se fait, & se fait en un instant; le corps ne peut s'unir à rien, il est blessé de tout ce qui le touche de trop près, il lui faut beaucoup de temps pour s'approcher d'un autre corps, tout lui résiste, tout est obstacle, son mouvement cesse au moindre choc. La volonté n'est-elle donc qu'un mouvement corporel, & la contemplation un simple attouchement? Comment cet attouchement pourroit-il se faire sur un objet éloigné, sur un sujet abstrait? comment ce mouvement pourroit-il s'opérer en un instant indivisible? a-t-on jamais conçu de mouvement sans qu'il y eut de l'espace & du temps? la volonté, si c'est

un mouvement, n'eſt donc pas un
mouvement matériel, & ſi l'union
de l'ame à ſon objet eſt un attouchement, un contact, cet attouchement
ne ſe fait-il pas au loin ? ce contact
n'eſt-il pas une pénétration ? qualités abſolument oppoſées à celles de
la matièrc, & qui ne peuvent par
conſéquent appartenir qu'à un être
immatériel.

I V.

Portrait de l'Homme.

Tout annonce dans l'homme le
Maître de la terre ; tout marque en
lui, même à l'extérieur, ſa ſupériorité ſur tous les êtres vivans : il ſe
ſoutient droit & élevé, ſon attitude
eſt celle du commandement, ſa tête
regarde le ciel & préſente une face
auguſte ſur laquelle eſt imprimé le
caractere de ſa dignité ; l'image de

l'ame y eſt peinte par la phyſionomie, l'excellence de ſa nature perce
à travers les organes matériels &
anime d'un feu divin les traits de
ſon viſage ; ſon port majeſtueux, ſa
démarche ferme & hardie annonce
ſa nobleſſe & ſon rang ; il ne touche
à la terre que par ſes extrémités les
plus éloignées, il ne la voit que de
loin, & ſemble la dédaigner ; les bras
ne lui ſont pas donnés pour ſervir de
piliers d'appui à la maſſe de ſon
corps, ſa main ne doit pas fouler la
terre, & perdre par des frottemens
réitérés la fineſſe du toucher dont
elle eſt le principal organe ; le bras
& la main ſont faits pour ſervir à
des uſages plus nobles, pour exécuter les ordres de la volonté, pour
ſaiſir les choſes éloignées, pour écarter les obſtacles, pour prévenir les
rencontres & le choc de ce qui pourroit nuire, pour embraſſer & re-
tenir ce qui peut plaire, pour le

mettre à portée des autres fens.

Lorfque l'ame eft tranquille, toutes les parties du vifage font dans un état de repos ; leur proportion, leur union, leur enfemble marquent encore affez la douce harmonie des penfées, & répondent au calme de l'intérieur ; mais lorfque l'ame eft agitée, la face humaine devient un tableau vivant, où les paffions font rendues avec autant de délicateffe que d'énergie, où chaque mouvement de l'ame eft exprimé par un trait, chaque action par un caractère, dont l'impreffion vive & prompte devance la volonté, nous décèle & rend au-dehors par des fignes pathétiques les images de nos fecrettes agitations.

C'eft fur-tout dans les yeux qu'elles fe peignent & qu'on peut les reconnoître ; l'œil appartient à l'ame plus qu'aucun autre organe, il femble y toucher & participer à tous fes mouvemens,

mouvemens, il en exprime les paſſions les plus vives & les émotions
les plus tumultueuſes, comme les
mouvemens les plus doux & les ſentimens les plus délicats ; il les rend
dans toute leur force, dans toute leur
pureté tels qu'ils viennent de naître,
il les tranſmet par des traits rapides
qui portent dans une autre ame le
feu, l'action, l'image de celle dont
ils partent, l'œil reçoit & réfléchit
en même temps la lumière de la penſée & la chaleur du ſentiment, c'eſt
le ſens de l'eſprit & la langue de l'intelligence.

V.

Force de l'homme.

QUOIQUE le corps de l'homme
ſoit, à l'extérieur, plus délicat que
celui d'aucun des animaux, il eſt cependant très-nerveux, & peut-être
plus fort par rapport à ſon volume,

B

que celui des animaux les plus forts;
car fi nous voulons comparer la force
du lion à celle de l'homme, nous
devons confidérer que cet animal
étant armé de griffes & de dents, l'emploi qu'il fait de fes forces nous en
donne une fauffe idée. Nous attri-
buons à fa force ce qui n'appartient
qu'à fes armes; celles que l'homme
a reçues de la Nature ne font point
offenfives: heureux! fi l'art ne lui en
eût pas mis à la main de plus terribles
que les ongles du Lion.

Mais il y a une meilleure manière
de comparer la force de l'homme à
celle des animaux, c'eft par le poids
qu'il peut porter. Je me fouviens d'a-
voir lu une expérience de M. Defa-
guliers au fujet de la force de l'homme: il fit faire une efpèce de harnois
par le moyen duquel il diftribuoit
fur toutes les parties du corps d'un
homme debout un certain nombre
de poids, enforte que chaque partie

du corps supportoit tout ce qu'elle
pouvoit supporter relativement aux
autres, & qu'il n'y avoit aucune partie qui ne fût chargée comme elle
devoit l'être; on portoit au moyen
de cette machine, sans être fort sur-
chargé, un poids de deux milliers. Si
on compare cette charge à celle
que, volume pour volume, un cheval doit porter, on trouvera que,
comme le corps de cet animal a au
moins six ou sept fois plus de volume
que celui d'un homme, on pourroit
donc charger un Cheval de douze à
quatorze milliers, ce qui est un poids
énorme en comparaison des fardeaux
que nous faisons porter à cet animal,
même en distribuant le poids du far-
deau aussi avantageusement qu'il
nous est possible.

On peut encore juger de la force
par la continuité de l'exercice, &
par la légèreté des mouvemens; les
hommes qui sont exercés à la course

devancent des chevaux, ou du moins
foutiennent ce mouvement bien plus
long-temps; & même, dans un exercice plus modéré, un homme accoutumé à marcher, fera chaque jour
plus de chemin qu'un cheval ; & s'il
ne fait que le même chemin, lorfqu'il
aura marché autant de jours qu'il fera
néceffaire pour que le cheval foit rendu, l'homme fera encore en état de
continuer fa route fans en être incommodé.

Les Chaters d'Ifpahan, qui font
des Coureurs de profeffion, font
trente-fix lieues en quatorze ou quinze heures. Les Voyageurs affurent que
les Hottentots devancent les lions à
la courfe : on raconte mille autres
chofes prodigieufes de la légèreté
des Sauvages, & des longs voyages
qu'ils entreprennent & qu'ils achèvent à pied dans les montagnes les
plus efcarpées, dans les pays les plus
difficiles, où il n'y a aucun chemin

battu, aucun fentier tracé; ces hommes font, dit-on, des voyages de
mille & douze cens lieues en moins
de fix femaines ou deux mois. Y a-t-il
aucun animal, à l'exception des oifeaux qui ont en effet les mufcles plus
forts à proportion que tous les autres
animaux; y a-t-il, dis-je, aucun
animal qui pût foutenir cette longue
fatigue ? L'homme civilifé ne connoît pas fes forces, il ne fait pas combien il en perd par la molleffe, &
combien il pourroit en acquérir par
l'habitude d'un fort exercice.

Il fe trouve cependant quelquefois
parmi nous des hommes d'une force
extraordinaire, mais ce don de la Nature, qui leur feroit précieux s'ils
étoient dans le cas de l'employer pour
leur défenfe ou pour des travaux utiles, eft un très-petit avantage dans
une fociété policée, où l'efprit fait
plus que le corps, & où le travail de
la main ne peut être que celui des

hommes du dernier ordre. Les femmes ne font pas, à beaucoup près, auffi fortes que les hommes, & le plus grand ufage ou le plus grand abus que l'homme ait fait de fa force, c'eft d'avoir affervi & traité fouvent d'une manière tyrannique cette moitié du genre humain, faite pour partager avec lui les plaifirs & les peines de la vie. Les Sauvages obligent leurs femmes à travailler continuellement, ce font elles qui cultivent la terre, qui font l'ouvrage pénible, tandis que le mari refte nonchalamment couché dans fon hamac, dont il ne fort que pour aller à la chaffe ou à la pêche, ou pour fe tenir debout dans la même attitude pendant des heures entières ; car les Sauvages ne favent ce que c'eft que de fe promener, & rien ne les étonne plus dans nos manières, que de nous voir aller en droite ligne & revenir enfuite fur nos pas plufieurs fois de fuite ; ils n'imaginent pas qu'on puiſſe prendre cette peine ſans aucune néceſſité, & ſe donner ainſi du mouvement qui n'aboutit à rien. Tous les hommes tendent à la pareſſe, mais les Sauvages des pays chauds ſont les plus pareſſeux de tous les hommes, & les plus tyranniques à l'égard de leurs femmes par les ſervices qu'ils en exigent avec une dureté vraiment ſauvage. Chez les peuples policés, les hommes, comme les plus forts, ont dicté des loix où les femmes ſont toujours plus léſées, à proportion de la groſſièreté des mœurs, & ce n'eſt que parmi les nations civiliſées juſqu'à la politeſſe que les femmes ont obtenu cette égalité de condition, qui cependant eſt ſi naturelle & ſi néceſſaire à la douceur de la ſociété; auſſi cette politeſſe dans les mœurs eſt-elle leur ouvrage, elles ont oppoſé à la force des armes victorieuſes, lorſque par leur modeſtie elles nous ont appris à

reconnoître l'empire de la beauté,
avantage naturel plus grand que celui
de la force, mais qui suppose l'art de
le faire valoir. Car les idées que les
différens peuples ont de la beauté,
sont si singulières & si opposées qu'il
y a tout lieu de croire que les femmes
ont plus gagné par l'art de se faire
desirer, que par ce don même de la
Nature, dont les hommes jugent si
différemment; ils sont bien plus d'accord sur la valeur de ce qui est en effet l'objet de leurs desirs, le prix de
la chose augmente par la difficulté
d'en obtenir la possession. Les femmes ont eu de la beauté dès qu'elles
ont su se respecter assez pour se refu-
ser à tous ceux qui ont voulu les attaquer par d'autres voies que par celle
du sentiment, & du sentiment une
fois né, la politesse des mœurs a dû
suivre.

V I.

L'homme comparé à l'Animal.

ON conviendra que le plus ſtupide des hommes ſuffit pour conduire le plus ſpirituel des animaux, il le commande & le fait ſervir à ſes uſages, & c'eſt moins par force & par adreſſe que par ſupériorité de nature, & parce qu'il a un projet raiſonné, un ordre d'actions, & une ſuite de moyens par leſquels il contraint l'animal à lui obéir; car nous ne voyons pas que les animaux qui ſont plus forts & plus adroits, commandent aux autres & les faſſent ſervir à leur uſage: les plus forts mangent les plus foibles, mais cette action ne ſuppoſe qu'un beſoin, un appétit, qualité fort différente de celle qui peut produire une ſuite d'actions dirigées vers le même but. Si les animaux étoient doués de cette faculté, ne verrions-

nous pas quelques-uns prendre l'empire fur les autres, & les obliger à
leur chercher la nourriture, à les
veiller, à les garder, à les foulager
lorfqu'ils font malades ou bleffés ?
Or il n'y a parmi tous les animaux
aucune marque de cette fubordination, aucune apparence que quelqu'un d'entr'eux connoiffe ou fente
la fupériorité de fa nature fur celle
des autres; par conféquent on doit
penfer qu'ils font en effet tous de
même nature, & en même temps on
doit conclure que celle de l'homme
eft non-feulement fort au-deffus de
celle de l'animal, mais qu'elle eft auffi
tout-à-fait différente.

L'homme rend par un figne extérieur ce qui fe paffe au-dedans de lui,
il communique fa penfée par la parole, ce figne eft commun à toute
l'efpèce humaine, l'homme fauvage
parle comme l'homme policé, & tous
deux parlent naturellement, & par-

lent pour se faire entendre. Aucun des animaux n'a ce signe de la pensée, ce n'est pas, comme on le croit communément, faute d'organes. La langue du singe a paru aux Anatomistes aussi parfaite que celle de l'homme : le singe parleroit donc, s'il pensoit ? Si l'ordre de ses pensées avoit quelque chose de commun avec les nôtres, il parleroit notre langue, &, en supposant qu'il n'eût que des pensées de singe, il parleroit aux autres singes, mais on ne les a jamais vu, entendu s'entretenir ou discourir ensemble ; ils n'ont donc pas même un ordre, une suite de pensées à leur façon, bien loin d'en avoir de semblables aux nôtres ; il ne se passe à leur intérieur rien de suivi, rien d'ordonné, puisqu'ils n'expriment rien par des signes combinés & arrangés ; ils n'ont donc pas la pensée, même au plus petit dégré.

Il est si vrai que ce n'est pas faute

d'organes que les animaux ne parlent pas, qu'on en connoît de plusieurs espèces auxquels on apprend à prononcer des mots, & même à répéter des phrases assez longues, & que peut-être y en auroit-il un grand nombre d'autres auxquels on pourroit, si l'on vouloit s'en donner la peine, faire articuler quelque son : mais jamais on n'est parvenu à leur faire naître l'idée que ces mots expriment; ils semblent ne les répéter, & même ne les articuler, que comme un écho ou une machine artificielle les répéteroit ou les articuleroit ; ce ne sont pas les puissances méchaniques ou les organes matériels, mais c'est la puissance intellectuelle, c'est la pensée qui leur manque.

C'est donc parce qu'une langue suppose une suite de pensées, que les animaux n'en ont aucune ; car quand même on voudroit leur accorder quelque chose de semblable à nos premières appréhensions, & à nos sensations les plus grossières & les plus machinales, il paroît certain qu'ils sont incapables de former cette association d'idées, qui seule peut produire la réflexion dans laquelle cependant consiste l'essence de la pensée : c'est parce qu'ils ne peuvent joindre ensemble aucune idée, qu'ils pensent ni ne parlent, c'est par la même raison qu'ils n'inventent ni ne perfectionnent rien ; s'ils étoient doués de la puissance de réfléchir, même au plus petit dégré, ils seroient capables de quelque espèce de progrès, ils acquerroient plus d'industrie ; les castors d'aujourd'hui bâtiroient avec plus d'art & de solidité que ne bâtissoient les premiers castors, l'abeille perfectionneroit encore tous les jours la cellule qu'elle habite : car si on suppose que cette cellule est aussi parfaite qu'elle peut l'être, on donne à cet insecte plus d'efprit que nous n'en avons, on lui accorde une intelligence fupérieure à la nôtre, par laquelle il appercevroit tout-d'un-coup le dernier point de perfection auquel il doit porter fon ouvrage, tandis que nous-mêmes ne voyons jamais clairement ce point, & qu'il nous faut beaucoup de réflexion, de temps & d'habitude, pour perfectionner le moindre de nos Arts.

D'où peut venir cette uniformité dans tous les ouvrages des animaux? Pourquoi chaque efpèce ne fait-elle jamais que la même chofe, de la même façon? Et pourquoi chaque individu ne la fait-il ni mieux, ni plus mal qu'un autre individu? Y a-t-il de plus forte preuve que leurs opérations ne font que des réfultats méchaniques & purement matériels? Car s'ils avoient la moindre étincelle de la lumière qui nous éclaire, on trouveroit au moins de la variété fi l'on ne voyoit pas de la perfection dans leurs ouvrages, chaque individu de la même espèce feroit quelque ouvrage un peu différent de ce qu'auroit fait un autre individu ; mais non, tous travaillent sur le même modèle, l'ordre de leurs actions est tracé dans l'espèce entière, il n'appartient point à l'individu, &, si l'on vouloit attribuer une ame aux animaux, on feroit obligé à n'en faire qu'une pour chaque espèce, à laquelle chaque individu participeroit également ; cette ame feroit donc nécessairement divisible, par conséquent elle feroit matérielle & fort différente de la nôtre.

Car pourquoi mettons-nous au contraire tant de diversité & de variété dans nos productions & dans nos ouvrages ? Pourquoi l'imitation fervile coûte-t-elle plus qu'un nouveau dessin ? c'est parce que notre ame est à nous, qu'elle est indépendante de celle d'un autre, que nous n'avons rien de commun avec notre espèce que la matière de notre corps, & que ce n'est en effet que par les dernières de nos facultés que nous ressemblons aux animaux.

Si les sensations intérieures appartenoient à la matière & dépendoient des organes corporels, ne verrions-nous pas parmi les animaux de même espèce, comme parmi les hommes, des différences marquées dans leurs ouvrages ? Ceux qui seroient les mieux organisés ne feroient-ils pas leur nid, leurs cellules ou leurs coques, d'une manière plus solide, plus élégante, plus commode ? Et si quelqu'un avoit plus de génie qu'un autre, pourroit-il ne le point manifester de cette façon ? Or tout cela n'arrive pas & n'est jamais arrivé, le plus ou le moins de perfection des organes corporels n'influe donc pas sur la nature des sensations intérieures ; n'en doit-on pas conclure que les animaux

n'ont point de senfations de cette efpèce, qu'elles ne peuvent appartenir
à la matière, ni dépendre, pour leur
nature, des organes corporels? Ne
faut-il pas par conféquent qu'il y ait
en nous une fubftance différente de la
matière, qui foit le fujet & la caufe
qui produit & reçoit ces fenfations?

V I I.

Etat de pure Nature.

Dans le premier âge, aux fiècles
d'or, l'homme, innocent comme la
colombe, mangeoit du gland, buvoit
de l'eau; trouvant par-tout fa fubfif-
tance, il étoit fans inquiétude, vivoit
indépendant, toujours en paix avec
lui-même, avec les animaux; mais
dès qu'oubliant fa nobleffe, il facrifia
fa liberté pour fe réunir aux autres,
la guerre, l'âge de fer prirent la place
de l'âge d'or & de la paix; la cruauté,

le goût de la chair & du sang furent
les premiers fruits d'une nature dé-
pravée, que les mœurs & les Arts
acheverent de corrompre.

Voilà ce que dans tous les temps
certains Philosophes austeres, sauvages par tempérament, ont reproché
à l'homme en société : rehaussant leur
orgueil individuel par l'humiliation
de l'espèce entière, ils ont exposé ce
tableau qui ne vaut que par le contras-
te, & peut-être parce qu'il est bon
de présenter quelquefois aux hommes des chimères de bonheur.

Cet état idéal d'innocence, de haute tempérance, d'abstinence entière
de la chair, de tranquillité parfaite,
de paix profonde, a-t-il jamais existé ? N'est-ce pas un apologue, une fa-
ble où l'on emploie l'homme comme
un animal, pour nous donner des le-
çons ou des exemples ? Peut-on même
supposer qu'il y eût des vertus avant
la société ? Peut-on dire de bonne foi

que cet état sauvage mérite nos re-
grets, que l'homme animal farouche
fut plus digne que l'homme citoyen
civilisé ? Oui, car tous les malheurs
viennent de la société ; & qu'importe
qu'il y eût des vertus dans l'état de
nature, s'il y avoit du bonheur, si
l'homme, dans cet état, étoit seulement moins malheureux qu'il ne l'est ?
La liberté, la santé, la force, ne sont-
elles pas préférables à la mollesse, à
la sensualité, à la volupté même, ac-
compagnées de l'esclavage ? la priva-
tion des peines vaut bien l'usage des
plaisirs ; & pour être heureux, que
faut-il, sinon de ne rien desirer ?

Si cela est, disons en même temps
qu'il est plus doux de végéter que de
vivre, de ne rien desirer que de satisfaire son appétit, de dormir d'un
sommeil apathique que d'ouvrir les
yeux pour voir & pour sentir ; con-
sentons à laisser notre ame dans l'en-
gourdissement, notre esprit dans les

ténèbres, à ne nous jamais servir de l'une ni de l'autre, à nous mettre au-dessous des animaux, à n'être enfin que des masses de matière brute attachées à la terre.

Mais au lieu de disputer, discutons : après avoir dit des raisons, donnons des faits. Nous avons sous nos yeux, non l'état idéal, mais l'état réel de nature : le Sauvage habitant les déserts est-il un animal tranquille ? Est-il un homme heureux ? Car nous ne supposerons pas avec un Philosophe, l'un des plus fiers censeurs de notre humanité (*a*), qu'il y a une plus grande distance de l'homme en pure nature au Sauvage, que du Sauvage à nous ; que les âges qui se sont écoulés avant l'invention de l'art de la parole, ont été bien plus longs que les

______

(*a*) M. Rousseau, pour avoir beaucoup trop élevé l'homme sauvage, & déprime l'homme social, s'est éloigné en double sens de la vérité.

fiècles qu'il a fallu pour perfectionner les fignes & les langues, parce qu'il me paroît que lorfqu'on veut raifonner fur des faits, il faut éloigner les fuppofitions, & fe faire une loi de n'y remonter qu'après avoir épuifé tout ce que la Nature nous offre. Or, nous voyons qu'on defcend par dégrés infenfibles des nations les plus éclairées, les plus polies, à des peuples moins induftrieux ; de ceux-ci à d'autres plus groffiers, mais encore foumis à des Rois, à des loix ; de ces hommes groffiers aux Sauvages qui ne fe reffemblent pas tous, mais chez lefquels on trouve autant de nuances différentes que parmi les peuples policés ; que les uns forment des nations affez nombreufes foumifes à des chefs ; que d'autres, en plus petite fociété, ne font foumis qu'à des ufages ; qu'enfin les plus folitaires, les plus indépendans, ne laiffent pas de former des familles & d'être foumis à leurs pères.

Un Empire, un Monarque, une famille, un père, voilà les deux extrêmes de la société : ces extrêmes font
aussi les limites de la nature, si elles
s'étendoient au-delà, n'auroit-on pas
trouvé, en parcourant toutes les solitudes du globe, des animaux humains
privés de la parole, sourds à la voix
comme aux signes, les mâles & les
femelles dispersés, les petits abandonnés, &c. ? Je dis même, qu'à
moins de prétendre que la constitu-
tion du corps humain fût toute différente de ce qu'elle est aujourd'hui,
& que son accroissement fût bien
plus prompt, il n'est pas possible que
l'homme ait jamais existé sans former
des familles, puisque les enfans périroient s'ils n'étoient secourus &
soignés plusieurs années ; au lieu que
les animaux nouveaux-nés n'ont besoin de leur mère que pendant quelques mois. Cette nécessité physique
suffit donc seule pour démontrer que

l'efpèce humaine n'a pu durer & fe
multiplier qu'à la faveur de la fociété ; que l'union des pères & mères aux
enfans eft naturelle , puifqu'elle eft
néceffaire. Or cette union ne peut
manquer de produire un attachement
refpectif & durable entre les parens
& l'enfant , & cela feul fuffit encore
pour qu'ils s'accoutument entr'eux à
des geftes, à des fignes, à des fons ,
en un mot, à toutes les expreffions
du fentiment & du befoin ; ce qui eft
auffi prouvé par le fait , puifque les
Sauvages les plus folitaires ont, comme les autres hommes, l'ufage des fignes & de la parole.

Ainfi l'état de pure nature eft un
état connu ; c'eft le Sauvage vivant
dans le défert, mais vivant en famille, connoiffant fes enfans, connu
d'eux, ufant de la parole & fe fai-
fant entendre.

Examinons donc cet homme en
pure nature, c'eft-à-dire, ce Sauvage

en famille. Pour peu qu'elle profpère,
il fera bientôt le chef d'une fociété
plus nombreufe, dont tous les membres auront les mêmes manières, fui-
vront les mêmes ufages, & parleront
la même langue; à la troifième, ou
tout au plus tard à la quatrième génération, il y aura de nouvelles familles qui pourront demeurer fépa-
rées, mais qui, toujours réunies par
les liens communs des ufages & du
langage, formeront une petite nation, laquelle, s'augmentant avec le
temps, pourra, fuivant les circonftances, ou devenir un peuple, ou
demeurer dans un état femblable à
celui des nations fauvages que nous
connoiffons. Cela dépendra fur-tout
de la proximité, ou de l'éloignement
où ces hommes nouveaux fe trouveront des hommes policés : fi fous un
climat doux, dans un terrein abondant, ils peuvent en liberté occuper
un efpace confidérable au-delà duquel
ils

ils ne rencontrent que des solitudes,
ou des hommes tout aussi neufs
qu'eux, ils demeureront sauvages, &
deviendront, suivant d'autres circonstances, ennemis ou amis de leurs
voisins; mais lorsque, sous un ciel
dur, dans une terre ingrate, ils se
trouveront gênés entr'eux par le
nombre, & serrés par l'espace, ils feront des colonies ou des irruptions,
ils se répandront, ils se confondront
avec les autres peuples dont ils seront
devenus les conquérans ou les escla-
ves. Ainsi l'homme, en tout état,
dans toutes les situations & sous tous
les climats, tend également à la société : c'est un effet constant d'une
cause nécessaire, puisqu'elle tient à
l'essence même de l'espèce, c'est-à-
dire, à sa propagation.

VIII.

S A U V A G E S.

Tous les Auteurs qui ont parlé des coutumes des nations sauvages, n'ont pas fait attention que ce qu'ils nous donnoient pour des usages constans & pour les mœurs d'une société d'hommes, n'étoit que des actions particulières à quelques individus souvent déterminés par les circonstances où par le caprice. Certaines nations, nous disent-ils, mangent leurs ennemis, d'autres les brûlent, d'autres les mutilent ; les unes font perpétuellement en guerre, d'autres cherchent à vivre en paix ; chez les unes on tue son père lorsqu'il a atteint un certain âge, chez les autres les pères & mères mangent leurs enfans. Toutes ces histoires, sur lesquelles les Voyageurs se sont étendus avec tant de complaifance, fe réduifent à des récits de faits particuliers, & fignifient feulement que tel Sauvage a mangé fon ennemi, tel autre l'a brûlé ou mutilé, tel autre a tué ou mangé fon enfant, & tout cela peut fe trouver dans une feule nation de Sauvages comme dans plufieurs nations ; car toute nation où il n'y a ni règle, ni loi, ni maître, ni fociété habituelle, eft moins une nation qu'un affemblage tumultueux d hommes barbares & indépendans, qui n'obéiffent qu'à leurs paffions particulières, & qui, ne pouvant avoir un intérêt commun, font incapables de fe diriger vers un même but, & de fe foumettre à des ufages conftans, qui tous fuppofent une fuite de deffeins raifonnés & approuvés par le plus grand nombre.

La même nation, dira-t-on, eft compofée d'hommes qui fe reconnoiffent, qui parlent la même lan-

gue, qui se réunissent, lorsqu'il le
faut, sous un chef, qui s'arment de
même, qui hurlent de la même
façon, qui se barbouillent de la même couleur: oui, si ces usages étoient
constans, s'ils ne se réunissoient souvent sans savoir pourquoi, s'ils ne
se séparoient pas sans raison, si leur
chef ne cessoit pas de l'être par son
caprice ou par le leur, si leur langue
même n'étoit pas si simple qu'elle leur
est presque commune à tous.

Comme ils n'ont qu'un très-petit
nombre d'idées, ils n'ont aussi qu'une
très-petite quantité d'expressions, qui
toutes ne peuvent rouler que sur les
choses les plus générales & les objets
les plus communs; & quand même
la plupart de ces expressions seroient
différentes, comme elles se réduisent
à un fort petit nombre de termes, ils
ne peuvent manquer de s'entendre
en très-peu de temps, & il doit être
plus facile à un Sauvage d'entendre &

de parler toutes les langues des autres
Sauvages, qu'il ne l'eſt à un homme
d'une nation policée d'apprendre celle
d'une autre nation également policée.

Autant il eſt inutile de ſe trop
étendre ſur les coutumes & les mœurs
de ces prétendues nations, autant il
ſeroit peut-être néceſſaire d'examiner
la nature de l'individu : l'homme ſauvage eſt en effet de tous les animaux
le plus ſingulier, le moins connu,
& le plus difficile à décrire ; mais
nous diſtinguons ſi peu ce que la Nature ſeule nous a donné de ce que
l'éducation, l'imitation, l'art &
l'exemple nous ont communiqué,
ou nous les confondons ſi bien, qu'il
ne ſeroit pas étonnant que nous nous
méconnuſſions totalement au portrait
d'un Sauvage, s'il nous étoit préſenté
avec les vraies couleurs & les ſeuls
traits naturels qui doivent en faire le
caractère.

C 3

Un Sauvage abſolument ſauvage,
tel que l'enfant élevé avec les ours,
dont parle *Conor* ; le jeune homme
trouvé dans les forêts d'*Hanower*, ou
la petite fille trouvée dans les bois en
France, ſeroient un ſpectacle curieux
pour un Philoſophe. Il pourroit, en
obſervant ſon Sauvage, évaluer au
juſte la force des appétits de la Nature ; il y verroit l'ame à découvert, il
en diſtingueroit tous les mouvemens
naturels, & peut-être y reconnoîtroit-
il plus de douceur, de tranquillité &
de calme que dans la ſienne ; peut-
être verroit-il clairement que la vertu appartient à l'homme ſauvage plus
qu'à l'homme civiliſé, & que le vice
n'a pris naiſſance que dans la ſociété.

IX.

L'Homme en ſociété.

Parmi les hommes, la ſociété
dépend moins des convenances phy-

fiques que des relations morales.
L'homme a d'abord mesuré sa force
& sa foiblesse, il a comparé son ignorance & sa curiosité, il a senti que seul
il ne pouvoit suffire ni satisfaire par
lui-même à la multiplicité de ses be-
soins, il a reconnu l'avantage qu'il
auroit à renoncer à l'usage illimité de
sa volonté pour acquérir un droit sur
la volonté des autres, il a réfléchi sur
l'idée du bien & du mal, il l'a gra-
vée au fond de son cœur à la faveur
de la lumière naturelle qui lui a été
départie par la bonté du Créateur; il
a vu que la solitude n'étoit pour lui
qu'un état de danger & de guerre, il
a cherché la sûreté & la paix dans la
société, il y a porté ses forces & ses
lumières pour les augmenter en les
réunissant à celles des autres : cette
réunion est de l'homme l'ouvrage le
meilleur, c'est de sa raison l'usage le
plus sage. En effet, il n'est tranquille,
il n'est fort, il n'est grand, il ne

commande à l'Univers, que parce
qu'il a su se commander à lui-même,
se dompter, se soumettre & s'impo-
ser des loix ; l'homme, en un mot,
n'est homme, que parce qu'il a su se
réunir à l'homme.

X.

Abstinence de la chair.

LA diète Pythagorique, préconisée
par les Philosophes anciens & nouveaux, & sur-tout par Plutarque (*a*),

(*a*) La construction du corps de
l'homme, dit *Plutarque*, & la figure
de sa bouche prouvent que la Nature ne
l'a pas fait pour se nourrir de la chair
des animaux ; il ne ressemble à aucune
des bêtes carnassières ; il n'a ni bec
crochu, ni ongles pointus, ni dents
aiguës, ni l'estomac aussi fort. « Si tu
» soutiens le contraire, ajoute le même

recommandée par quelques Médecins, n'a jamais été indiquée par la
Nature. Si nous examinons quels font
les appétits, quel eft le goût de nos
Sauvages, nous trouverons qu'aucun
ne vit uniquement de fruits, d'herbes ou de graines ; que tous préfèrent
la chair & le poiffon aux autres alimens ; que l'eau pure leur déplaît , &
qu'ils cherchent les moyens de faire
eux-mêmes ou de fe procurer d'ailleurs une boiffon moins infipide.
Leur induftrie, dictée par les befoins
de première néceffité , excitée par
leurs appétits naturels , fe réduit à
faire des inftrumens pour la chaffe
& pour la pêche. Un arc, des flèches ,
une maffue, des filets , un canot ,
voilà le fublime de leurs Arts , qui
tous n'ont pour objet que les moyens

» Auteur , dévore un bœuf à belles
» dents, déchire un agneau , mords
» dans un fanglier ».

C 5

de se procurer une subsistance convenable à leur goût. Et ce qui convient à leur goût convient à la Nature ; car l'homme ne pourroit pas se nourrir d'herbe seule (*a*), il périroit d'inanition s'il ne prenoit des alimens plus substantiels. Les fruits & les graines ne lui suffiroient pas, il en faudroit un trop gros volume pour fournir la quantité de molécules organiques nécessaire à la nutrition ; réduit au pain & aux légumes pour toute nourriture, il traîneroit à peine une vie foible & languissante.

(*a*) M. de Buffon prouve dans l'article du bœuf : que l'homme n'ayant qu'un estomac & des intestins courts, il ne peut pas, comme le bœuf qui a quatre estomacs & des boyaux très-longs, prendre à la fois un grand volume de cette maigre nourriture ; ce qui seroit cependant absolument nécessaire pour compenser la qualité par la quantité.

Voyez ces pieux Solitaires qui s'abſtiennent de tout ce qui a eu vie, qui, par de ſaints motifs, renoncent aux dons du Créateur, ſe privent de la parole, fuient la ſociété, s'enferment dans des murs ſacrés contre leſquels ſe briſe la Nature ; confinés dans ces aſyles, ou plutôt dans ces tombeaux vivans où l'on ne reſpire que la mort, le viſage mortifié, les yeux éteints, ils ne jettent autour d'eux que des regards languiſſans, leur vie ſemble ne ſe ſoutenir que par efforts, ils prennent leur nourriture ſans que le beſoin ceſſe : quoique ſoutenus par leur ferveur (car l'état de la tête fait à celui du corps), ils ne réſiſtent que peu d'années à cette abſtinence cruelle ; ils vivent moins qu'ils ne meurent chaque jour par une mort anticipée, & ne s'éteignent pas en finiſſant de vivre, mais en achevant de mourir.

Ainſi l'abſtinence de toute chair,

loin de convenir à la Nature, ne peut que la détruire : si l'homme y étoit réduit, il ne pourroit, du moins dans ces climats, ni subsister, ni se multiplier. Peut-être cette diète seroit possible dans les pays méridionaux, où les fruits sont plus cuits, les plantes plus substantielles, les racines plus succulentes, les graines plus nourries : cependant les Brachmanes sont plutôt une secte qu'un peuple, & leur religion, quoique très-ancienne, ne s'est guère étendue au-delà de leurs Ecoles, & jamais au-delà de leur climat.

X I.

Peinture de l'homme moral dans la jeunesse & dans le moyen âge.

LE bonheur de l'homme consistant dans l'unité de son intérieur, il est heureux dans le temps de l'enfance,

parce que le principe matériel domine seul & agit presque continuellement. La contrainte, les remontrances & même les châtimens, ne sont
que de petits chagrins; l'enfant ne les
ressent que comme on sent les dou-
leurs corporelles, le fond de son existence n'en est point affecté, il reprend,
dès qu'il est en liberté, toute l'action,
toute la gaieté que lui donnent la vivacité & la nouveauté de ses sensations : s'il étoit entièrement livré à
lui-même, il seroit parfaitement heureux ; mais ce bonheur cesseroit, il
produiroit même le malheur pour les
âges suivans : on est donc obligé de
contraindre l'enfant; il est triste mais
nécessaire de le rendre malheureux
par instans, puisque ces instans même de malheur sont les germes de
tout son bonheur à venir.

Dans la jeunesse, lorsque le principe spirituel commence à entrer en
exercice, & qu'il pourroit déjà nous

conduire , il naît un nouveau sens
matériel qui prend un empire abſolu ,
& commande ſi impérieuſement à
toutes nos facultés , que l'ame elle-
même ſemble ſe prêter avec plaiſir
aux paſſions impétueuſes qu'il produit : le principe matériel domine
donc encore , & peut-être avec plus
d'avantage que jamais ; car non-ſeulement il efface & ſoumet la raiſon ,
mais il la prévient & s'en ſert comme
d'un moyen de plus ; on ne penſe &
on n'agit que pour approuver & pour
ſatisfaire ſa paſſion ; tant que cette
ivreſſe dure , on eſt heureux , les
contradictions & les peines extérieures ſemblent reſſerrer encore l'unité
de l'intérieur , elles fortifient la paſſion , elles en rempliſſent les intervalles languiſſans , elles réveillent l'orgueil , & achèvent de tourner toutes
nos vues vers le même objet & toutes
nos puiſſances vers le même but.

Mais ce bonheur va paſſer comme

un songe, le charme disparoît, le dégoût suit, un vuide affreux succède à la plénitude des sentimens dont on étoit occupé. L'ame, au sortir de ce sommeil léthargique, a peine à se reconnoître ; elle a perdu, par l'esclavage, l'habitude de commander, elle n'en a plus la force, elle regrette même la servitude & cherche un nouveau maître, un nouvel objet de passions qui disparoît à son tour, pour être suivi d'un autre qui dure encore moins : ainsi les excès & les dégoûts se multiplient, les plaisirs fuient, les organes s'usent, le sens matériel, loin de pouvoir commander, n'a plus la force d'obéir. Que reste-t-il à l'homme après une telle jeunesse ? Un corps énervé, une ame amollie, & l'impuissance de se servir de tous deux.

Aussi a-t-on remarqué que c'est dans le moyen âge que les hommes sont le plus sujets à ces langueurs de l'ame, à cette maladie intérieure, à cet état de vapeurs dont j'ai parlé. On court encore, à cet âge, après les plaifirs de la jeuneffe, on les cherche par habitude & non par befoin ; & comme, à mefure qu'on avance, il arrive toujours fréquemment qu'on fent moins le plaifir que l'impuiffance de jouir, on fe trouve contredit par foi-même, humilié par fa propre foibleffe, fi nettement & fi fouvent, qu'on ne peut s'empêcher de fe blâmer, de condamner fes actions, & de fe reprocher même fes defirs.

D'ailleurs, c'eft à cet âge que naiffent les foucis, & que la vie eft la plus contentieufe ; car on a pris un état, c'eft-à-dire qu'on eft entré par hafard, ou par choix, dans une carrière qu'il eft toujours honteux de ne pas fournir, & fouvent très-dangereux de remplir avec éclat. On marche donc péniblement entre deux écueils également formidables , le mépris & la haine, on s'affoiblit par les efforts qu'on fait pour les éviter , & l'on tombe dans le découragement ; car lorsqu'à force d'avoir vécu & d'avoir reconnu , éprouvé les injustices des hommes , on a pris l'habitude d'y compter comme sur un mal nécessaire ; lorsqu'on s'est enfin accoutumé à faire moins de cas de leurs jugemens que de son repos, & que le cœur , endurci par les cicatrices mêmes des coups qu'on lui a portés , est devenu plus insensible, on arrive aisément à cette tranquillité indolente , dont on auroit rougi quelques années auparavant. La gloire , ce puissant mobile de toutes les grandes ames , & qu'on voyoit de loin comme un but éclatant qu'on s'efforçoit d'atteindre par des actions brillantes & des travaux utiles, n'est plus qu'un objet sans attraits pour ceux qui en ont approché, & un fantôme vain & trompeur pour ceux qui sont restés dans l'éloignement. La paresse prend sa place, & semble offrir à tous des routes plus aisées & des biens plus solides ; mais le dégoût la précède & l'ennui la suit : l'ennui, ce triste tyran des ames qui pensent, contre lequel la sagesse peut moins que la folie.

X I I.

Amour dans l'homme & dans les animaux.

AMOUR ! Desir inné ! Ame de la Nature ! Principe inépuisable d'existence ! Puissance souveraine qui peut tout & contre laquelle rien ne peut, par qui tout agit, tout respire & tout se renouvelle ! Divine flamme ! Germe de perpétuité que l'Eternel a répandu dans tout avec le souffle de vie !

Précieux sentiment qui peut seul
amollir les cœurs féroces & glacés,
en les pénétrant d'une douce chaleur ! Cause première de tout bien,
de toute société , qui réunis sans
contrainte & par tes seuls attraits
les natures sauvages & dispersées !
Source unique & féconde de tout
plaisir, de toute volupté ! Amour !
Pourquoi fais-tu l'état heureux de
tous les êtres & le malheur de
l'homme ? C'est qu'il n'y a que le
physique de cette passion qui soit
bon, c'est que, malgré ce que peuvent dire les gens épris, le moral
n'en vaut rien. Qu'est-ce en effet que
le moral de l'Amour ? La vanité ; vanité dans le plaisir de la conquête ,
erreur qui vient de ce qu'on en fait
trop de cas ; vanité dans le désir de
la conserver exclusivement , état
malheureux qu'accompagne toujours
la jalousie , petite passion si basse
qu'on voudroit la cacher ; vanité

dans la manière d'en jouir, qui fait qu'on ne multiplie que ſes geſtes, ou ſes efforts, ſans multiplier ſes plaiſirs; vanité dans la façon même de la perdre, on veut rompre le premier; car, ſi l'on eſt quitté, quelle humiliation ! & cette humiliation ſe tourne en déſeſpoir, lorſqu'on vient à reconnoître qu'on a été long-temps dupe & trompé.

Les animaux ne ſont point ſujets à toutes ces miſères, ils ne cherchent pas des plaiſirs où il ne peut y en avoir; guidés par le ſentiment ſeul, ils ne ſe trompent jamais dans leur choix, leurs deſirs ſont toujours proportionnés à la puiſſance de jouir, ils ſentent autant qu'ils jouiſſent, & ne jouiſſent qu'autant qu'ils ſentent : l'homme, au contraire, en voulant inventer des plaiſirs, n'a fait que gâter la Nature; en voulant ſe forcer ſur le ſentiment, il ne fait qu'abuſer de ſon être, & creuſer dans ſon

cœur un vuide que rien enfuite n'eft
capable de remplir.

Tout ce qu'il y a de bon dans l'A-
mour appartient donc aux animaux
tout auffi bien qu'à nous; & même,
comme fi ce fentiment ne pouvoit
jamais être pur, ils paroiffent avoir
une petite portion de ce qu'il y a de
moins bon, je veux parler de la jaloufie. Chez nous, cette paffion fuppofe toujours quelque défiance de
foi - même, quelque connoiffance
fourde de fa propre foibleffe; les
animaux, au contraire, femblent
être d'autant plus jaloux qu'ils ont
plus de force, plus d'ardeur & plus
d'habitude au plaifir : c'eft que notre
jaloufie dépend de nos idées, & la
leur du fentiment; ils ont joui; ils
defirent de jouir encore, ils s'en fentent la force, ils écartent donc tous
ceux qui veulent occuper leur place,
leur jaloufie n'eft point réfléchie, ils
ne la tournent pas contre l'objet de

leur amour, ils ne font jaloux que de leurs plaifirs.

XIII.

MARIAGE.

L'ÉTAT naturel des hommes, après la puberté, eſt celui du Mariage ; un homme ne doit avoir qu'une femme, comme une femme ne doit avoir qu'un homme : cette loi eſt celle de la Nature, puiſque le nombre des femelles eſt à-peu-près égal à celui des mâles ; ce ne peut donc être qu'en s'éloignant du droit naturel, & par la plus injuſte de toutes les tyrannies, que les hommes ont établi des loix contraires ; la raiſon, l'humanité, la juſtice réclament contre ces ferrails odieux, où l'on facrifie à la paſſion brutale ou dédaigneufe d'un feul homme, la liberté & le cœur de plufieurs femmes dont chacune pourroit faire le bonheur d'un autre homme. Ces tyrans du genre humain en sont-ils plus heureux ? Environnés d'eunuques & de femmes inutiles à eux-mêmes & aux autres hommes, ils sont assez punis, ils ne voient que les malheureux qu'ils ont faits.

Le Mariage, tel qu'il est établi chez nous & chez les autres peuples raisonnables & religieux, est donc l'état qui convient à l'homme, & dans lequel il doit faire usage des nouvelles facultés qu'il a acquises par la puberté, qui lui deviendroient à charge & même quelquefois funestes, s'il s'obstinoit à garder le célibat. Le trop long séjour de la liqueur séminale dans ses réservoirs peut causer des maladies dans l'un & dans l'autre sexe, ou du moins des irritations si violentes que la raison & la Religion seroient à-peine suffisantes pour résister à ces passions impétueuſes ; elles rendroient l'homme ſemblable aux animaux, qui ſont furieux & indomptables lorſqu'ils reſſentent ces impreſſions.

L'effet extrême de cette irritation dans les femmes eſt la fureur utérine ; c'eſt une eſpèce de manie qui leur trouble l'eſprit & leur ôte toute pudeur ; les diſcours les plus laſcifs, les actions les plus indécentes accompagnent cette triſte maladie & en décèlent l'origine. J'ai vu, & je l'ai vu comme un phénomène, une fille de douze ans, très-brune, d'un teint vif & fort coloré, d'une petite taille, mais déjà formée, avec de la gorge & de l'embonpoint, faire les actions les plus indécentes au ſeul aſpect d'un homme ; rien n'étoit capable de l'en empêcher, ni la préſence de ſa mère, ni les remontrances, ni les châtimens ; elle ne perdoit cependant pas la raiſon, & ſon accès, qui étoit marqué au point d'en être affreux,

ceſſoit

cessoit dans le moment qu'elle demeuroit seule avec des femmes. Lorsque la fureur utérine est à un certain degré, le mariage ne la calme point; il y a des exemples de femmes qui en sont mortes. Heureusement la force de la nature cause rarement toute seule ces funestes passions, lors même que le tempérament y est disposé; il faut, pour qu'elles arrivent à cette extrêmité, le concours de plusieurs causes, dont la principale est une imagination allumée par le feu des conversations licentieuses & des images obscènes.

Au reste, les excès sont plus à craindre que la continence; le nombre des hommes immodérés est assez grand pour en donner des exemples: les uns ont perdu la mémoire, les autres ont été privés de la vue, d'autres sont devenus chauves, d'autres ont péri d'épuisement; la saignée est, comme l'on sait, mortelle en

D

pareil cas. Les perfonnes fages ne
peuvent trop avertir les jeunes gens
du tort irréparable qu'ils font à leur
fanté. Combien n'y en a-t-il pas qui
ceffent d'être hommes, ou du moins
qui ceffent d'en avoir les facultés,
avant l'âge de trente ans ? Combien
d'autres prennent, à quinze & à
dix-huit ans, les germes d'une maladie honteufe & fouvent incurable ?

XIV.

Sources du bonheur. Caufes du malheur.

Dans l'homme, le plaifir & la
douleur phyfiques ne font que la
moindre partie de fes peines & de
fes plaifirs, fon imagination qui travaille continuellement fait tout ou
plutôt ne fait rien que pour fon malheur, car elle ne préfente à l'ame
que des fantômes vains ou des images exagérées, & la force à s'en oc-

cuper : plus agitée par ces illusions qu'elle ne le peut être par les objets réels, l'ame perd sa faculté de juger, & même son empire, elle ne compare que des chimères, elle ne veut plus qu'en second, & souvent elle veut l'impossible ; sa volonté, qu'elle ne détermine plus, lui devient donc à charge, ses desirs outrés sont des peines, & ses vaines espérances sont tout au plus de faux plaisirs qui disparoissent & s'évanouissent dès que le calme succède, & que l'ame, reprenant sa place, vient à les juger. Nous nous préparons donc des peines toutes les fois que nous cherchons des plaisirs ; nous sommes malheureux dès que nous desirons d'être plus heureux. Le bonheur est au dedans de nous-mêmes, il nous a été donné ; le malheur est au dehors, & nous l'allons chercher. Pourquoi ne sommes-nous pas convaincus que la jouissance paisible de notre ame est notre feul & vrai bien, que nous ne pouvons l'augmenter fans rifquer de le perdre, que moins nous defirons & plus nous poffédons; qu'enfin tout ce que nous voulons au delà de ce que la Nature peut nous donner, eft peine, & que rien n'eft plaifir que ce qu'elle nous offre ?

Or la Nature nous a donné, & nous offre encore à tout inftant des plaifirs fans nombre; elle a pourvu à nos befoins, elle nous a munis contre la douleur : il y a dans le phyfique infiniment plus de bien que de mal; ce n'eft donc pas la réalité, c'eft la chimère qu'il faut craindre; ce n'eft ni la douleur du corps, ni les maladies, ni la mort, mais les agitations de l'ame, les paffions & l'ennui qui font à redouter.

Les animaux n'ont qu'un moyen d'avoir du plaifir, c'eft d'exercer leur fentiment pour fatisfaire leur appéfit: nous avons cette même faculté,

& nous avons de plus un autre moyen de plaifir, c'eſt d'exercer no-tre eſprit, dont l'appétit eſt de ſavoir. Cette ſource de plaifir feroit la plus abondante & la plus pure, ſi nos paſſions, en s'oppoſant à ſon cours, ne venoient à la troubler ; elles dé-tournent l'ame de toute contempla-tion ; dès qu'elles ont pris le deſſus, la raiſon eſt dans le ſilence, ou du moins elle n'élève plus qu'une voix foible & ſouvent importune ; le dé-goût de la vérité fuit, le charme de l'illuſion augmente, l'erreur ſe forti-fie, nous entraîne & nous conduit au malheur : car quel malheur plus grand que de ne plus rien voir tel qu'il eſt, de ne plus rien juger que relativement à ſa paſſion, de n'agir que par ſon ordre, de paroître en conſéquence injuſte ou ridicule aux autres, & d'être forcé de ſe mépriſer foi-même, lorſqu'on vient à s'exa-miner.

D 3

Dans cet état d'illusion & de ténèbres, nous voudrions changer la nature de notre ame : elle ne nous a été donnée que pour connoître, nous ne voudrions l'employer qu'à sentir ; si nous pouvions étouffer en entier sa lumière, nous n'en regretterions pas la perte, nous envierions volontiers le sort des insensés ; comme ce n'est plus que par intervalles que nous sommes raisonnables, & que ces intervalles de raison nous sont à charge & se passent en reproches secrets, nous voudrions les supprimer : ainsi, marchant toujours d'illusions en illusions, nous cherchons volontairement à nous perdre de vue pour arriver bientôt à ne nous plus connoître, & finir par nous oublier.

Une passion sans intervalles est démence, & l'état de démence est pour l'ame un état de mort. De violentes passions, avec des intervalles, font des accès de folie, des maladies de l'ame d'autant plus dangereufes qu'elles font plus longues & plus fréquentes. La fageffe n'eft que la fomme des intervalles de fanté que ces accès nous laiffent, cette fomme n'eft point celle de notre bonheur ; car nous fentons alors que notre ame a été malade, nous blâmons nos paf-fions, nous condamnons nos actions. La folie eft le germe du malheur, & c'eft la fageffe qui le développe : la plupart de ceux qui fe difent mal-heureux font des hommes paffionnés, c'eft-à-dire, des fous auxquels il refte quelques intervalles de raifon, pen-dant lefquels ils connoiffent leur fo-lie, & fentent par conféquent leur malheur ; & comme il y a, dans les conditions élevées, plus de faux de-firs, plus de vaines prétentions, plus de paffions défordonnées, plus d'a-bus de fon ame, que dans les états in-férieurs, les Grands font, fans doute,

de tous les hommes les moins heureux.

Mais détournons les yeux de ces
triftes objets & de ces vérités humi-
liantes ; confidérons l'homme fage,
le feul qui foit digne d'être confidéré :
maître de lui-même, il l'eft des évé-
nemens ; content de fon état, il ne
veut être que comme il a toujours
été, ne vivre que comme il a toujours vécu ; fe fuffifant à lui-même ;
il n'a qu'un foible befoin des autres,
& il ne peut leur être à charge ; occupé continuellement à exercer les
facultés de fon ame, il perfectionne
fon entendement, il cultive fon efprit, il acquiert de nouvelles connoiffances, & fe fatisfait à tout inftant fans remords, fans dégoûts ; il
jouit de tout l'univers en jouiffant
de lui-même. Un tel homme eft, fans
doute, l'être le plus heureux de la
Nature, il joint aux plaifirs du corps,
qui lui font communs avec les ani-

maux, les joies de l'esprit qui n'appartiennent qu'à lui; & si, par quelque accident, il vient à ressentir de
la douleur, il souffre moins qu'un
autre; la force de son ame le soutient, la raison le console; il a même de la satisfaction en souffrant,
c'est de se sentir assez fort pour souffrir.

X V.

M O R T.

Pourquoi craindre la mort, si
l'on a assez bien vécu pour n'en pas
craindre les suites ? Pourquoi redouter cet instant, puisqu'il est préparé
par une infinité d'autres instans du
même ordre, puisque la mort est aussi
naturelle que la vie, & que l'une &
l'autre nous arrivent de la même façon sans que nous le sentions, sans
que nous puissions nous en appercevoir? Qu'on interroge les Médecins
& les Ministres de l'Eglise, accou-

tumés à obferver les actions des
mourans & à recueillir leurs derniers
fentimens, ils conviendront qu'à l'exception d'un petit nombre de maladies aiguës, où l'agitation, caufée
par des mouvemens convulfifs, femble indiquer les fouffrances du malade, dans toutes les autres on meurt
tranquillement, doucement & fans
douleur; & même ces terribles ago-
nies effraient plus les fpectateurs,
qu'elles ne tourmentent le malade.
Car combien n'en a-t-on pas vus qui,
après avoir été à cette dernière extrêmité, n'avoient aucun fouvenir de
ce qui s'étoit paffé, non plus que de
ce qu'ils avoient fenti! Ils avoient
réellement ceffé d'être pour eux pendant ce temps, puifqu'ils font obligés de rayer du nombre de leurs jours
tous ceux qu'ils ont paffés dans cet
état, duquel il ne leur refte aucune
idée.

La plupart des hommes meurent

donc fans le favoir, & , dans le petit nombre de ceux qui confervent de la connoiffance jufqu'au dernier foupir, il ne s'en trouve peut-être pas un qui ne conferve en même temps de l'efpérance, & qui ne fe flatte d'un retour vers la vie : la Nature a, pour le bonheur de l'homme, rendu ce fentiment plus fort que la raifon. Tant qu'on fe fent & qu'on penfe, on ne réfléchit, on ne raifonne que pour foi; & tout eft mort, que l'efpérance vit encore.

Jettez les yeux fur un malade qui vous aura dit cent fois qu'il fe fent attaqué à mort, qu'il voit bien qu'il ne peut pas en revenir, qu'il eft prêt à expirer; examinez ce qui fe paffe fur fon vifage, lorfque, par zèle ou par indifcrétion, quelqu'un vient à lui annoncer que fa fin eft prochaine en effet; vous le verrez changer comme celui d'un homme auquel on annonce une nouvelle imprévue : ce

malade ne croit donc pas ce qu'il
dit lui-même, tant il est vrai qu'il
n'est nullement convaincu qu'il doit
mourir ; il a seulement quelque
doute, quelque inquiétude sur son
état, mais il craint toujours beaucoup
moins qu'il n'espère ; & , si l'on ne
réveilloit ses frayeurs par ces tristes
soins & cet appareil lugubre qui devancent la mort, il ne la verroit point
arriver.

La mort n'est donc pas une chose
aussi terrible que nous nous l'imaginons ; nous la jugeons mal de loin ;
c'est un spectre qui nous épouvante
à une certaine distance, & qui disparoît lorsqu'on vient à en approcher
de près : nous n'en avons donc que
des notions fausses ; nous la regar-
dons non-seulement comme le plus
grand malheur, mais encore comme
un mal accompagné de la plus vive
douleur & des plus pénibles angois-
ses ; nous avons même cherché à

groffir dans notre imagination ces funeftes images, & à augmenter nos craintes en raifonnant fur la nature de la douleur. Elle doit être extrême, a-t-on dit, lorfque l'ame fe fépare du corps; elle peut être auffi de très-longue durée, puifque le temps n'ayant d'autre mefure que la fuccef-fion de nos idées, qui fe fuccèdent avec une rapidité proportionnée à la violence du mal, peut nous paroître plus long qu'un fiècle, pendant le-quel elles coulent lentement, & rela-tivement aux fentimens tranquilles qui nous affectent ordinairement. Quel abus de la philofophie dans ce raifonnement ! Il ne mériteroit pas d'être relevé, s'il étoit fans confé-quence; mais il influe fur le mal-heur du genre humain, il rend l'af-pect de la mort mille fois plus af-freux qu'il ne peut être; &, n'y eût-il qu'un très-petit nombre de gens trompés par l'apparence fpécieufe de ces idées, il seroit toujours utile de les détruire & d'en faire voir la fausseté.

Lorsque l'ame vient à s'unir à notre corps, avons-nous un plaisir excessif, une joie vive & prompte qui nous transporte & nous ravisse ? Non, cette union se fait sans que nous nous en appercevions : la désunion doit s'en faire de même, sans exciter aucun sentiment. Quelle raison a-t-on pour croire que la séparation de l'ame & du corps ne puisse se faire sans une douleur extrême ? Quelle cause peut produire cette douleur, ou l'occasionner ? Là fera-t-on résider dans l'ame ou dans le corps ? La douleur de l'ame ne peut être produite que par la pensée ; celle du corps est toujours proportionnée à sa force & à sa foiblesse : dans l'instant de la mort naturelle, le corps est plus foible que jamais ; il ne peut donc éprouver qu'une très-petite douleur, fi même il en éprouve aucune.

Je ne me fuis un peu étendu fur
ce fujet, que pour tâcher de détruire
un préjugé fi contraire au bonheur
de l'homme ; j'ai vu des victimes de
de ce préjugé , des perfonnes que la
frayeur de la mort a fait mourir en
en effet , des femmes fur-tout que la
crainte de la douleur anéantiffoit :
ces terribles alarmes femblent même
n'être faites que pour des perfonnes
élevées, & devenues, par leur éducation, plus fenfibles que les autres ;
car le commun des hommes, fur-
tout ceux de la campagne, voient la
mort fans effroi.

La vraie philofophie eft de voir
les chofes telles qu'elles font : le fentiment intérieur feroit toujours d'accord avec cette philofophie , s'il n'é-
toit perverti par les illufions de notre
imagination, & par l'habitude mal-
heureufe que nous avons prife de
nous forger des fantômes de douleur

& de plaifir. Il n'y a rien de terrible ;
ni rien de charmant, que de loin ;
mais, pour s'en affurer, il faut avoir
le courage ou la fageffe de voir l'un
& l'autre de près.

XVI.

IMAGINATION.

L'IMAGINATION eft une faculté
de l'ame : fi nous entendons, par ce
mot *imagination*, la puiffance que
nous avons de comparer des images
avec des idées, de donner des couleurs à nos penfées, de repréfenter
& d'agrandir nos fenfations, de
peindre le fentiment, en un mot,
de faifir vivement les circonftances,
& de voir nettement les rapports
éloignés des objets que nous confidérons, cette puiffance de notre ame
en eft même la qualité la plus brillante & la plus active ; c'eft l'efprit
fupérieur, c'eft le génie. Mais il y a

une autre imagination ; un autre principe qui dépend uniquement des organes corporels, & qui nous eſt commun avec les animaux ; c'eſt cette action tumultueuſe & forcée, qui s'excite au dedans de nous-mêmes par les objets analogues ou contraires à nos appétits ; c'eſt cette impreſſion vive & profonde des images de ces objets, qui, malgré nous, ſe renouvelle à tout inſtant, & nous contraint d'agir comme les animaux, ſans réflexion, ſans délibération : cette repréſentation des objets, plus active encore que leur préſence, exagère tout, falſifie tout. Cette imagination eſt l'ennemi de notre ame : c'eſt la ſource de l'illuſion, la mère des paſſions qui nous maîtriſent, nous emportent malgré les efforts de la raiſon, & nous rendent le malheureux théâtre d'un combat continuel, où nous ſommes preſque toujours vaincus.

XVII.

MÉMOIRE.

Il faut distinguer deux espèces de mémoires, infiniment différentes l'une de l'autre par leur cause, & qui peuvent cependant se ressembler en quelque sorte par leurs effets; la première est la trace de nos idées, & la seconde, que j'appellerois volontiers réminiscence plutôt que mémoire, n'est que le renouvellement de nos sensations, ou plutôt des ébranlemens qui les ont causées : la première émane de l'ame, & elle est pour nous bien plus parfaite que la seconde ; cette dernière, au contraire, n'est produite que par le renouvellement des ébranlemens du sens intérieur matériel, & elle est la seule qu'on puisse accorder à l'animal, ou à l'homme imbécille : leurs

fenfations antérieures font renouvel-
lées par les fenfations actuelles ; elles
fe revéillent avec toutes les circonftances qui les accompagnoient : l'i-
mage principale & préfente appelle
les images anciennes & acceffoires ;
ils fentent comme ils ont fenti ; ils
agiffent donc comme ils ont agi ; ils
voient enfemble le préfent & le paffé,
mais fans les diftinguer, fans les
comparer, & par conféquent fans
les connoître.

•XVIII.

R Ê V E S.

EXAMINONS la nature de nos
rêves, & cherchons s'ils viennent de
notre ame, ou s'ils dépendent feulement de notre fens intérieur matériel.

Les imbécilles, dont l'ame eft fans
action, rêvent comme les autres hommes : il fe produit donc des rêves indépendamment de l'ame, puifque,

dans les imbécilles, l'ame ne produit
rien : les animaux qui n'ont point
d'ame peuvent donc rêver auffi ; &
non-feulement il fe produit des rêves
indépendamment de l'ame , mais je
ferois fort porté à croire que tous les
rêves en font indépendans. Je demande feulement que chacun réflé-
chiffe fur fes rêves , & tâche à reconnoître pourquoi les parties en font
fi mal liées , & les évènemens fi bizarres : il m'a paru que c'étoit principalement parce qu'ils ne roulent que
fur des fenfations , & point du tout
fur des idées. L'idée du temps , par
exemple , n'y entre jamais : on fe repréfente bien les perfonnes que l'on
n'a pas vues , & même celles qui font
mortes depuis plufieurs années ; on
les voit vivantes & telles qu'elles
étoient ; mais on les joint aux chofes
actuelles & aux perfonnes préfentes ,
ou à des chofes, ou à des perfonnes
d'un autre temps. Il en eft de même

de l'idée du lieu ; on ne voit pas où
elles étoient : les choses qu'on se représente, on les voit ailleurs, où elles ne pouvoient être. Si l'ame agis-
soit, il ne lui faudroit qu'un instant
pour mettre de l'ordre dans cette
suite décousue, dans ce chaos de sensations ; mais ordinairement elle n'a-
git point ; elle laisse les représentations se succéder en désordre, &,
quoique chaque objet se présente
vivement, la succession en est souvent confuse & toujours chiméri-
que : &, s'il arrive que l'ame soit à
demi réveillée par l'énormité de ces
disparates, ou seulement par la force
de ces sensations, elle jettera sur le
champ une étincelle de lumière au
milieu des ténèbres ; elle produira
une idée réelle dans le sein même des
chimères ; on rêvera que tout cela
pourroit bien n'être qu'un rêve : je
devrois dire on pensera ; car quoique
cette action ne soit qu'un petit signe

de l'ame, ce n'eſt point une ſenſation, ni un rêve, c'eſt une penſée, une ré-flexion, mais qui n'étant pas aſſez forte pour diſſiper l'illuſion, s'y mêle, en devient partie, & n'empêche pas les repréſentations de ſe ſuccéder, en ſorte qu'au réveil on s'imagine avoir rêvé cela même qu'on avoit penſé.

Dans les rêves on voit beaucoup, on entend rarement, on ne raiſonne point, on ſent vivement, les images ſe ſuivent, les ſenſations ſe ſuccè-dent ſans que l'ame les compare, ni les réuniſſe : on n'a donc que des ſenſations & point d'idées, puiſque les idées ne ſont que les comparai-ſons des ſenſations. Ainſi les rêves ne réſident que dans le ſens intérieur matériel; l'ame ne les produit point : ils feront donc partie de ce ſouvenir animal, de cette eſpèce de réminiſ-cence matérielle dont nous avons parlé. La mémoire, au contraire, ne

peut exifter fans l'idée du temps,
fans la comparaifon des idées antérieures & des idées actuelles; & puifque ces idées n'entrent point dans
les rêves, il paroît démontré qu'ils
ne peuvent être ni une conféquence,
ni un effet, ni une preuve de la mémoire. Mais, quand même on voudroit foutenir qu'il y a quelquefois
des rêves d'idées, quand on citeroit,
pour le prouver, les fomnambules,
les gens qui parlent en dormant &
difent des chofes fuivies, qui répondent à des queftions, &c., & que
l'on en inféreroit que les idées ne
font pas exclues des rêves, du moins
auffi abfolument que je le prétends,
il me fuffiroit, pour ce que j'avois
à prouver, que le renouvellement
des fenfations puiffe les produire :
car dès-lors les animaux n'auront que
des rêves de cette efpèce ; & ces
rêves, bien-loin de fuppofer la
mémoire, n'indiquent, au con-

traire, que la réminiscence matérielle.

Cependant je suis bien éloigné de
croire que les somnambules, les gens
qui parlent en dormant, qui répondent à des questions, &c., soient en
effet occupés d'idées : l'ame ne me
paroît avoir aucune part à toutes ces
actions; car les somnambules vont,
viennent, agissent sans réflexion,
sans connoissance de leur situation,
ni du péril, ni des inconvéniens qui
accompagnent leurs démarches ; les
seules facultés animales sont en exercice, & même elles n'y sont pas toutes. Un somnambule est, dans cet
état, plus stupide qu'un imbécille,
parce qu'il n'y a qu'une partie de ses
sens & de son sentiment qui soit alors
en exercice, au lieu que l'imbécille
dispose de tous ses sens, & jouit du
sentiment dans toute son étendue ;
& , à l'égard des gens qui parlent en
dormant, je ne crois pas qu'ils disent
rien

rien de nouveau : la réponse à certaines questions triviales & usitées,
la répétition de quelques phrases
communes, ne prouvent pas l'action
de l'ame ; tout cela peut s'opérer indépendamment du principe , de la
connoissance , & de la pensée. Pourquoi, dans le sommeil, ne parleroit-
on pas sans penser, puisqu'en s'examinant soi-même , lorsqu'on est le
mieux éveillé, on s'apperçoit, sur-
tout dans les passions, qu'on dit tant
de choses sans réflexion ? A l'égard de
la cause occasionnelle des rêyes, qui
fait que les sensations antérieures se
renouvellent sans être excitées par les
objets présens, ou par des sensations
actuelles, on observera que l'on ne
rêve point lorsque le sommeil est
profond ; tout alors est assoupi : on
dort en dehors & en dedans ; mais le
sens intérieur s'endort le dernier &
se réveille le premier, parce qu'il est
plus vif, plus actif, plus aisé à ébran-

E

ler que les fens extérieurs : le fommeil eft dès-lors moins complet &
moins profond ; c'eft là le temps des
fonges illufoires ; les fenfations antérieures, fur-tout celles fur lefquelles
nous n'avons pas réfléchi, fe renouvellent ; le fens intérieur, ne pouvant être occupé par des fenfations
actuelles à caufe de l'inaction des fens
externes, agit & s'exerce fur fes fenfations paffées ; les plus fortes, font
celles qu'il faifit le plus fouvent ; plus
elles font fortes, plus les fituations
font exceffives ; & c'eft par cette raifon que prefque tous les rêves font
effroyables ou charmans.

Il n'eft pas même néceffaire que les
fens extérieurs foient abfolument af-
foupis, pour que le fens intérieur
matériel puiffe agir de fon propre
mouvement ; il fuffit qu'ils foient fans
exercice. Dans l'habitude où nous
fommes de nous livrer régulièrement
à un repos anticipé, on ne s'endort

pas toujours aifément ; le corps &
les membres, mollement étendus,
font fans mouvement : les yeux, dou-
blement voilés par la paupière & les
ténèbres, ne peuvent s'exercer ; la
tranquillité du lieu & le filence de
la nuit rendent l'oreille inutile ; les
autres fens font également inactifs,
tout eft en repos, & rien n'eft encore
affoupi : dans cet état, lorfqu'on ne
s'occupe pas d'idées, & que l'ame
eft auffi dans l'inaction, l'empire appartient au fens intérieur matériel ; il
eft alors la feule puiffance qui agiffe ;
c'eft là le temps des images chiméri-
riques, des ombres voltigeantes ; on
veille, & cependant on éprouve ces
effets du fommeil : fi l'on eft en pleine
fanté, c'eft une fuite d'images agréables, d'illufions charmantes ; mais
pour peu que le corps foit fouffrant
ou affaiffé, les tableaux font bien
différens ; on voit des figures grima-
çantes, des vifages de vieilles, des

fantômes hideux qui semblent s'a-
dresser à nous, & qui se succèdent
avec autant de bizarrerie que de rapidité ; c'est la lanterne magique ;
c'est une scène de chimères qui remplissent le cerveau vuide alors de
toute autre sensation, & les objets
de cette scène sont d'autant plus vifs,
d'autant plus nombreux, d'autant
plus désagréables, que les autres facultés animales sont plus lézées, que
les nerfs sont plus délicats, & que
l'on est plus foible, parce que les
ébranlemens, causés par les sensations réelles, étant, dans cet état de
foiblesse ou de maladie, beaucoup
plus forts & plus désagréables que
dans l'état de santé, les représentations de ces sensations, que produit
le renouvellement de ces ébranlemens, doivent aussi être plus vives &
plus agréables.

Au reste, nous nous souvenons
de nos rêves, par la même raison

que nous nous souvenons des sensations que nous venons d'éprouver ;
& la seule différence qu'il y ai ici
entre les animaux & nous, c'est que
nous distinguons parfaitement ce qui
appartient à nos rêves de ce qui appartient à nos idées, ou à nos sensations réelles ; & ceci est une comparaison, une opération de la mémoire,
dans laquelle entre l'idée du temps.
Les animaux, au contraire, qui sont
privés de la mémoire & de cette
puissance de comparer les temps,
ne peuvent distinguer leurs rêves de
leurs sensations réelles ; & l'on peut
dire, que ce qu'ils ont rêvé leur est
effectivement arrivé.

XIX.

MODES.

QUOIQUE les modes semblent
n'avoir d'autre origine que le caprice

& la fantaisie, les caprices adoptés
& les fantaisies générales méritent
d'être examinés : les hommes ont
toujours fait & feront toujours cas
de tout ce qui peut fixer les yeux des
autres hommes, & leur donner en
même temps des idées avantageuses
de richesses, de puissance, de grandeur, &c. La valeur de ces pierres
brillantes, qui, de tout temps, ont
été regardées comme des ornemens
précieux, n'est fondée que sur leur
rareté & sur leur éclat éblouissant : il
en est de même de ces métaux écla-
tans, dont le poids nous paroît si
léger, lorsqu'il est réparti sur tous les
plis de nos vêtemens pour en faire
la parure. Ces pierres, ces métaux
sont moins des ornemens pour nous,
que des signes pour les autres, auxquels ils doivent nous remarquer,
& reconnoître nos richesses. Nous
tâchons de leur en donner une plus
grande idée, en agrandissant la sur-

face de ces métaux; nous voulons fixer leurs yeux, ou plutôt les éblouir : combien peu y en a-t-il, en effet, qui foient capables de féparer la perfonne de fon vêtement, & de juger, fans mélange, l'homme & le métal !

Tout ce qui eft rare & brillant fera donc toujours de mode , tant que les hommes tireront plus d'avantage de l'opulence que de la vertu , tant que les moyens de paroître confidérable feront fi différens de ce qui mérite feul d'être confidéré. L'éclat extérieur dépend beaucoup de la manière de fe vêtir; cette manière prend des formes différentes, felon les différens points de vue fous lefquels nous voulons être regardés. L'homme modefte , ou qui veut le paroître, veut en même temps marquer cette vertu par la fimplicité de fon habillement. L'homme glorieux ne néglige rien de ce qui peut étayer fon orgueil, ou flatter fa vanité : on

le connoît à la richeſſe ou à la recherche de ſes ajuſtemens.

Un autre point de vue que les hommes ont aſſez généralement, eſt de rendre leur corps plus grand, plus étendu : peu contens du petit eſpace dans lequel eſt circonſcrit notre être, nous voulons tenir plus de place en ce monde que la Nature ne peut nous en donner ; nous cher-chons à agrandir notre figure par des chauſſures élevées, par des vête-mens renflés : quelque amples qu'ils puiſſent être, la vanité qu'ils cou-vrent n'eſt - elle pas encore plus grande ? Pourquoi la tête d'un Doc-teur eſt-elle environnée d'une quan-tité énorme de cheveux empruntés, & que celle d'un homme du bel air en eſt ſi légèrement garnie ? L'un veut que l'on juge de l'étendue de ſa ſcience, par la capacité phyſique de cette tête dont il groſſit le volume apparent ; & l'autre ne cherche à le

diminuer, que pour donner l'idée de
la légèreté de son esprit.

Il y a des modes dont l'origine
est plus raisonnable; ce sont celles où
l'on a eu pour but de cacher des défauts, & de rendre la nature moins
désagréable. A prendre les hommes
en général, il y a beaucoup plus de
figures défectueuses & de laids visages, que de personnes belles & bien
faites. Les modes, qui ne sont que
l'usage du plus grand nombre, usage
auquel le reste se soumet, ont donc
été introduites, établies par ce grand
nombre de personnes intéressées à
rendre leurs défauts plus supporta-
bles. Les femmes ont coloré leur visage lorsque les roses de leur teint se
sont flétries, & lorsqu'une pâleur naturelle les rendoit moins agréables
que les autres : cet usage est presque
universellement répandu chez tous
les peuples de la terre ; celui de se
blanchir les cheveux avec de la pou-

dre, & de les enfler par la frifure,
quoique beaucoup moins général &
bien plus nouveau, paroît avoir été
imaginé pour faire fortir davantage
les couleurs du vifage, & en ac-
compagner plus avantageufement la
forme.

X X.

Variétés dans l'efpèce humaine.

LA première & la plus remarqua-
de ces variétés eft celle de la couleur;
la feconde eft celle de la forme & de
la grandeur; & la troifième eft celle
du naturel des différens peuples.
Chacun de ces objets, confidéré
dans toute fon étendue, pourroit
fournir un ample traité, mais nous
nous bornerons à ce qu'il y a de plus
général & de plus avéré.

En parcourant, dans cette vue,
la furface de la terre, & en commençant par le Nord, on trouve,

en Lapponie & fur les côtes feptentrionales de la Tartarie, une race d'hommes de petite ftature, d'une figure bizarre, dont la phyfionomie eft auffi fauvage que les mœurs. Ces hommes, qui paroiffent avoir dégénéré de l'efpèce humaine, occupent de très-vaftes contrées. Les Lappons Danois, Suédois, Mofcovites & indépendans, les Zambliens, les Borandiens, les Samoïèdes, les Tartares feptentrionaux, les Groënlandois & les Sauvages au Nord des Efquimaux, femblent tous être de la même race, qui s'eft étendue & multipliée, le long des côtes des mers feptentrionales, dans des déferts, & fous un climat inhabitable pour toutes les autres nations. Tous ces peuples ont le vifage large & plat, le nez camus & écrafé, l'iris de l'œil jaune, brun, & tirant fur le noir, les paupières retirées vers les tempes, les joues extrêmement élevées, la bouche très-grande, le bas du visage étroit, les lèvres grosses & relevées, la voix grêle, la tête grosse, les cheveux noirs & lisses, la peau basanée. Ils sont très - petits, trapus quoique maigres. La plupart n'ont que quatre pieds de hauteur, & les plus grands n'en ont que quatre & demi. Cette race est, comme l'on voit, bien différente des autres ; il semble que ce soit une espèce particulière dont tous les individus ne sont que des avortons. Chez tous ces peuples, les femmes sont aussi laides que les hommes, & leur ressemblent si fort qu'on ne les distingue pas d'abord. Celles du Groënland sont de fort petite taille, mais elles ont le corps bien proportionné ; leurs mamelles sont molles, & si longues qu'elles donnent à tetter à leurs enfans pardessus l'épaule : le bout de ces mamelles est noir comme du charbon. Quelques Voyageurs disent que les Groënlandoises n'ont de

poil que sur la tête, & qu'elles ne
font point sujettes à l'évacuation périodique qui est ordinaire à leur
sexe.

Non-seulement ces peuples se ressemblent par la difformité, mais ils
ont aussi tous à peu près les mêmes
inclinations & les mêmes mœurs; ils
font tous également grossiers, su-
perstitieux, stupides. Les Lappons
Danois ont un grand chat noir, auquel ils disent tous leurs secrets, &
qu'ils consultent dans toutes leurs
affaires, qui se réduisent à savoir s'il
faut aller à la chasse, ou à la pêche.
Chez les Lappons Suédois, il y a,
dans chaque famille, un fabour pour
consulter le diable; &, quoiqu'ils
soient robustes & grands coureurs,
ils font si peureux, qu'on n'a jamais
pu les faire aller à la guerre : il semble qu'ils ne peuvent vivre que dans
leur pays, & à leur façon. Ils se
servent, pour courir sur la neige,

de patins fort épais de bois de sapin,
longs d'environ deux aunes, & larges
d'un demi-pied; ils courent avec tant
de vîteſſe, qu'ils attrapent aiſément
les animaux les plus légers à la courſe. Ils portent un bâton ferré, pointu d'un bout & arrondi de l'autre :
ce bâton leur ſert à ſe mettre en
mouvement, à ſe diriger, ſe ſoutenir, s'arrêter, & auſſi à percer les
animaux qu'ils pourſuivent; ils deſ-
cendent, avec ces patins, les fonds
les plus précipités, & montent les
montagnes les plus eſcarpées. On
prétend que les Lappons Moſcovites
lancent un javelot avec tant de force
& de dextérité, qu'ils ſont ſûrs de
mettre, à trente pas, dans un blanc
de la largeur d'un écu; & qu'à cet
éloignement, ils perceroient un homme d'outre en outre. La nourriture
de ces peuples eſt du poiſſon ſec,
de la chair de renne ou d'ours; leur
pain n'eſt que de la farine d'os de

poiſſon, broyée & mêlée avec de l'écorce tendre de pin; leur boiſſon eſt de l'huile de baleine & de l'eau, dans laquelle ils laiſſent infuſer des grains de genièvre. Ils n'ont, pour ainſi dire, aucune idée de religion, ni d'un Être Suprême; la plupart ſont idolâtres, & tous ſont très-ſuperſti-tieux; ils ſont plus groſſiers que ſau-vages, ſans courage, ſans reſpect pour ſoi-même : ils n'ont de mœurs qu'aſ-ſez pour être mépriſés. Ils ſe baignent nus & tous enſemble, filles & gar-çons, mères & fils, frères & ſœurs; en ſortant de ces bains extrêmement chauds, ils vont ſe jetter dans une rivière très-froide. Ils offrent aux Etrangers leurs femmes & leurs filles, & tiennent à grand honneur qu'on veuille bien coucher avec elles (a). Cette coutume eſt égale-

____

(a) Cette coutume peut venir de ce qu'ils connoiſſent leur propre difformi-

ment établie chez les Samoïedes, les Borandiens, & les Groënlandois. Tous vivent sous terre, ou dans des cabanes presque entièrement enterrées, & couvertes d'écorces d'arbres, ou d'os de poisson. Une nuit de plusieurs mois les oblige à conserver de la lumière, dans ce séjour, par des espèces de lampes, qu'ils entretiennent avec la même huile de baleine qui leur sert de boisson. L'été, ils ne sont guère plus à leur aise que l'hiver, car ils sont obligés de vivre continuellement dans une épaisse fumée; c'est le seul moyen qu'ils aient imaginé pour se garantir de la piquure des moucherons, plus abondans, peut-être, dans ce climat glacé, qu'ils ne le sont dans les pays

---

té, & la laideur de leurs femmes; ils trouvent apparemment moins laides celles que les Etrangers n'ont pas dédaignées.

les plus chauds. Avec cette manière de vivre si dure & si triste, ils ne font presque jamais malades, & ils parviennent tous à une vieillesse extrême.

Tartares.

La Nation Tartare, prise en général, occupe des pays immenses en Asie; elle est répandue dans toute l'étendue de terre qui est depuis la Russie jusqu'à Kamtschatka. Les Tartares ont le haut du visage fort large & ridé, même dans leur jeunesse, le nez court & gros, les yeux petits & enfoncés, le menton long & avancé, les dents longues & séparées, les sourcils gros qui leur couvrent les yeux, la face plate, le teint basané & olivâtre; ils sont de stature médiocre, mais très-forts & très-robustes; ils n'ont que peu de barbe, & elle est par petits épis; ils ont les cuisses grosses & les jambes courtes. Les plus laids de tous sont les Cahunques, dont l'aspect a quelque chose d'effroyable ; ils sont tous errans & vagabonds, habitans sous des tentes ; ils mangent de la chair de cheval, de chameau, &c. crue, ou un peu mortifiée sous la selle de leurs chevaux ; leur boisson la plus ordinaire, est du lait de jument, fermenté avec de la farine de millet. Leurs principales richesses consistent en chevaux ; ils s'en occupent continuellement ; ils les dressent avec tant d'adresse, & les exercent si souvent, qu'il semble que ces animaux n'aient qu'un même esprit avec ceux qui les manient ; car non-seulement ils obéissent parfaitement au moindre mouvement de la bride, mais ils sentent, pour ainsi dire, l'intention & la pensée de celui qui les monte.

Chinois.

Les Chinois ressemblent assez aux Tartares par la figure & les traits ;

& il eſt probable qu'ils ſont de même origine, malgré la différence totale du naturel, des mœurs, & des coutumes de ces deux peuples. Les Tartares ſont fiers, belliqueux, grands chaſſeurs; ils aiment la fatigue, l'indépendance; ils ſont durs & groſſiers juſqu'à la brutalité. Les Chinois ſont mols, pacifiques, indolens, ſuperſtitieux, ſoumis, dépendans juſqu'à l'eſclavage, cérémonieux, complimenteurs juſqu'à la fadeur & à l'excès.

Japonnois.

Les Japonnois ſont aſſez ſemblables aux Chinois, pour qu'on puiſſe les regarder comme ne faiſant qu'une ſeule & même race d'hommes : ils ſont d'un naturel fort altier, aguerris, adroits, vigoureux, civils & obligeans, parlant bien, féconds en complimens, mais inconſtans & fort vains; ils ſont laborieux, & très-habiles dans les Arts & dans tous les

Métiers ; ils se servent, comme les Chinois, de petits bâtons pour manger, & font aussi plusieurs cérémonies, ou plutôt plusieurs grimaces & plusieurs mines fort étranges pendant le repas. Une coutume bizarre, commune à ces deux nations, est de rendre les pieds des femmes si petits, qu'elles ne peuvent presque se soutenir. Une jolie femme à la Chine & au Japon, doit avoir le pied assez petit pour trouver trop aisée la pantoufle d'un enfant de six ans (*a*).

Le goût pour les longues oreilles regne chez tous les peuples de l'Orient ; mais les uns tirent leurs oreilles par le bas pour les alonger, sans les percer qu'autant qu'il le faut

---

(*a*) On prétend que c'est la jalousie qui a fait imaginer aux Chinois ce moyen d'empêcher les rendez-vous ; presque toutes les femmes, ne pouvant marcher, sont obligées de rester chez elles.

pour y attacher des boucles; d'autres, comme au pays de *Laos*, en agrandissent le trou si prodigieusement, qu'on pourroit presque y passer le poing, en sorte que leurs oreilles descendent jusques sur les épaules.

Hommes à queue.

Dans l'isle *Formose*, qui n'est pas bien éloignée de la côte de la province de Fokien à la Chine, un Voyageur dit avoir vu, de ses propres yeux, un homme qui avoit une queue longue de plus d'un pied, toute couverte d'un poil roux, & fort semblable à celle d'un bœuf. Cet homme à queue assuroit que ce défaut, si c'en étoit un, venoit du climat, & que tous ceux de la partie méridionale de cette isle avoient des queues comme lui. D'autres Voyageurs rapportent la même chose du royaume de *Lambry*, où il y a des hommes qui ont des queues de la longueur de la main, qui vivent dans les montagnes. Dans cette même isle *Formose* (*a*), il n'est pas permis aux femmes d'accoucher avant trente-cinq ans, quoiqu'il leur soit libre de se marier long-temps avant cet âge. Quand elles sont grosses, leurs Prêtresses les font avorter en leur foulant le ventre, avec les pieds, s'il le faut. C'est non-seulement une infamie, mais même un crime, de mettre un enfant au monde avant l'âge prescrit. Il y en a qui sont enceintes pour la dix-septième fois, lorsqu'il leur est enfin permis d'accoucher.

Peuples de l'Inde.

Les coutumes des différens peuples de l'Inde sont toutes fort singulières, & même bizarres. Les *Banianes* ne

---

(*a*) Suivant M. Bomare, cette queue n'est que l'alongement du coccix, & n'a été observée que chez quelques individus.

mangent de rien de ce qui a eu vie.
Ils craignent de tuer le moindre infecte, pas même ceux qui les rongent. Ils jettent du riz & des féves
dans les rivières pour nourrir les poiffons, & des graines fur la terre pour
nourrir les oifeaux & les infectes.
Quand ils rencontrent ou un Chaf-
feur, ou un Pêcheur, ils le prient
inftamment de fe défifter de fon en-
treprife; &, fi on eft fourd à leurs
prières, ils offrent de l'argent pour
le fufil & pour les filets; &, quand
on refufe leurs offres, ils troublent
l'eau pour épouvanter les poiffons,
& crient, de toute leur force, pour
faire fuir le gibier & les oifeaux. Les
Naires, ou les Nobles de *Calicut*,
ne peuvent avoir qu'une femme;
mais les femmes peuvent prendre
autant de maris qu'il leur plaît. Il
s'en trouve qui en ont jufqu'à dix,
qu'elles regardent comme des efclaves qu'elles fe font foumis par leur

beauté. Cette liberté d'avoir plusieurs maris, est un privilége de Noblesse, que les femmes de condition
font valoir autant qu'elles peuvent ;
mais les bourgeoises ne peuvent avoir
qu'un mari : il est vrai qu'elles pré-
tendent adoucir la dureté de leur
condition, par le commerce qu'elles
ont avec les Etrangers, auxquels elles
s'abandonnent sans aucune crainte de
leurs maris, qui n'osent leur rien
dire. Une étrange coutume, c'est que
les mères prostituent leurs filles le
plus jeunes qu'elles peuvent. Il y a,
parmi les *Naires*, de certains hommes & de certaines femmes qui ont
les jambes aussi grosses que le corps
d'un autre homme : cette difformité
n'est point une maladie, elle leur
vient de naissance.

Mogols.

Les Mogols, & les autres peuples
de la presqu'île de l'Inde, ressemblent

assez

aſſez aux Européens par la taille &
par les traits ; mais ils en diffèrent
plus ou moins par la couleur. Les
Mogols ſont olivâtres, quoique, en
Langue Indienne, *Mogol* veuille dire
blanc. Les femmes y ſont extrêmement propres, & elles ſe baignent
très-ſouvent ; elles ont les jambes &
les cuiſſes fort longues, & le corps
aſſez court : ce qui eſt le contraire
des femmes Européennes. Au royaume de *Decan*, on marie les enfans
extrêmement jeunes : dès que le mari
a dix ans & la femme huit, les parens les laiſſent coucher enſemble,
& il y en a qui ont des enfans à cet
âge ; mais les femmes qui ont des
enfans de ſi bonne heure, ceſſent
ordinairement d'en avoir après l'âge
de trente ans, & elles deviennent
extrêmement ridées. Parmi ces femmes, il y en a qui ſe font découper
la chair en fleurs, comme quand on
applique des ventouſes : elles pei-

gnent ces fleurs, de diverses couleurs, avec du jus de racines, de manière que leur peau paroît comme
une étoffe à fleurs.

Perſans.

Le ſang de Perſe eſt naturellement
groſſier : cela ſe voit aux *Guèbres* qui
ſont le reſte des anciens Perſans ; ils
ſont laids, mal faits, peſans, ayant
la peau rude & le teint coloré. Mais
le ſang Perſan eſt préſentement devenu fort beau, par le mélange du
ſang Géorgien & Circaſſien. Ce ſont
les deux nations du monde où la Nature forme de plus belles perſonnes :
auſſi il n'y a preſque aucun homme
de qualité, en Perſe, qui ne ſoit né
d'une mère Géorgienne ou Circaſ-
ſienne. Comme il y a un grand nombre d'années que ce mélange a commencé de ſe faire, le ſexe féminin eſt
embelli comme l'autre ; & les Per-
ſanes ſont devenues fort belles &

fort·bien faites, quoique ce ne soit
pas au point des Géorgiennes. Pour
les hommes, ils sont communément
hauts, droits, vermeils, vigoureux,
de bon air, & de belle apparence.
Ils ne tiennent pas cette beauté corporelle de leurs pères ; car, sans le
mélange dont je viens de parler, les
gens de qualité de Perse seroient les
plus laids hommes du monde, puisqu'ils sont originaires de la Tartarie,
dont les habitans sont laids, mal faits
& grossiers : ils sont, au contraire,
fort polis, & ont beaucoup d'esprit;
leur imagination est vive, prompte
& fertile, leur mémoire aisée & féconde; ils ont beaucoup de disposi-
tion pour les Sciences & les Arts li-
béraux & méchaniques, ils en ont
aussi beaucoup pour les armes; ils
aiment la gloire, ou la vanité, qui en
est la fausse image ; leur naturel est
pliant & souple, leur esprit facile &
intriguant; ils sont galans, même vo-

luptueux ; ils aiment le luxe, la dé-
penfe, & ils s'y livrent jufqu'à la
prodigalité : auffi n'entendent-ils ni
l'économie, ni le commerce.

Les femmes du peuple, en Perfe,
ont une fingulière fuperftition : celles qui font ftériles, s'imaginent que,
pour devenir fécondes, il faut paffer
fous les corps morts des criminels
qui font fufpendus aux fourches pa-
tibulaires ; elles croient que le cada-
vre d'un mâle peut influer, même
de loin, & rendre une femme capable de faire des enfans. Lorfque ce
remède fingulier ne leur réuffit pas,
elles vont chercher les canaux des
eaux qui s'écoulent des bains ; elles
attendent le temps où il y a, dans
ces bains, un grand nombre d'hommes ; alors elles traverfent plufieurs
fois l'eau qui en fort ; & , lorfque
cela ne leur réuffit pas mieux que la
première recette, elles fe déterminent
à avaler la partie du prépuce qu'on

retranche dans la circoncifion : c’eft,
dans ce pays, le fouverain remède
contre la ftérilité.

Arabes.

Les *Arabes* font demeurés, pour la
plupart, dans un état d’indépendance
qui fuppofe le mépris des loix. Ils vivent, comme les *Tartares*, fans règle, fans police, & prefque fans fociété ; le larcin, le rapt, le brigandage
font autorifés par leurs Chefs ; ils fe
font honneur de leurs vices ; ils n’ont
aucun refpect pour la vertu ; &, de
toutes les conventions humaines, ils
n’ont admis que celles qu’ont produit
le fanatifme & la fuperftition.

Egyptiens.

Les *Egyptiens* ont des coutumes
fort différentes de celles des *Arabes*.
Dans toutes les villes & villages, le
long du Nil, on trouve des filles def-
tinées aux plaifirs des Voyageurs,
fans qu’ils foient obligés de les payer.

F 3

C'est l'usage d'avoir des maisons d'hospitalité, toujours remplies de ces filles ; & les gens riches se font, en mourant, un devoir de piété de fonder ces maisons, & de les peupler de filles, qu'ils font acheter dans cette vue charitable. Les défauts les plus naturels aux *Egyptiens* sont l'oisiveté & la poltronnerie ; ils ne font presque autre chose tout le jour que boire du café, fumer, dormir, ou demeurer oisifs en une place, ou causer dans les rues ; ils sont fort ignorans, & cependant pleins d'une ridicule vanité. Les *Coptes* eux-mêmes ne sont pas exempts de ces vices ; &, quoiqu'ils ne puissent pas nier qu'ils n'aient perdu leur noblesse, les Sciences, l'exercice des armes, leur propre Histoire, & leur Langue même, & que d'une nation illustre & vaillante ils ne soient devenus un peuple vil & esclave, leur orgueil va néanmoins jusqu'à mépri-

fer les autres nations, & à s'offenfer,
lorfqu'on leur propofe de faire voyager leurs enfans en Europe, pour y
être élevés dans les Sciences & dans
les Arts.

Peuples de la Barbarie.

Les nations nombreufes, qui habitent les côtes de la Méditerranée depuis l'Egypte jufqu'à l'Océan, &
toute la profondeur des terres de
Barbarie jufqu'au mont Atlas & au
delà, font des peuples de différente
origine : les naturels du pays, les
Arabes, les Vandales, les Efpagnols,
& plus anciennement les Romains
& les Egyptiens, ont peuplé cette
contrée d'hommes affez différens entr'eux. Les habitans des montagnes
d'*Aureff* ont un air & une phyfionomie différente de celle de leurs
voifins; leur teint, loin d'être bafa-
né, eft au contraire blanc & ver-
meil, & leurs cheveux font d'un
jaune foncé, au lieu que les che[z]

veux de tous les autres font noirs : ce qui peut faire croire que ces hommes blonds defcendent des *Vandales*, qui, après avoir été chaffés, fe rétablirent dans quelques endroits de ces montagnes. Les femmes du royaume de *Tripoli* font grandes, elles font même confifter la beauté à avoir la taille exceffivement longue ; elles fe font, comme les femmes *Arabes*, des piqûres fur le vifage. En général, les femmes *Maures*, qui pafferoient pour belles, même en ce pays-ci, affectent toutes de porter les cheveux longs jufques fur les talons. Elles fe teignent le poil des paupières avec de la poudre de mine de plomb, & trouvent que la couleur fombre que cela donne aux yeux eft une beauté finguliète. Cette coutume eft fort ancienne & affez générale, puifque les femmes *Grecques* & *Romaines* fe bruniffoient les yeux comme les femmes de l'Orient.

Tous les peuples, depuis l'empire du *Mogol* jufqu'en *Barbarie*, & même depuis le *Gange* jufqu'aux côtes occidentales du royaume de *Maroc*, ne font pas fort différens les uns des autres, fi l'on excepte les variétés particulières, occafionnées par le mélange d'autres peuples plus feptentrionaux. Cette étendue de terre qu'ils habitent eft d'environ deux mille lieues : les hommes, en général, y font bruns & bafanés; mais ils font en même temps affez beaux & affez bien faits. Si nous examinons maintenant ceux qui habitent fous un climat plus tempéré, nous trouverons que les habitans des Provinces feptentrionales du *Mogol* & de la *Perfe*, les *Arméniens*, les *Turcs*, les *Géorgiens*, les *Grecs*, & tous les peuples de l'Europe, font les hommes les plus beaux, les plus blancs, & les mieux faits de toute la terre.

F ſ

Géorgiens.

On ne trouve pas un laid visage
dans la *Géorgie*. La Nature a répandu,
sur la plupart des femmes, des graces
qu'on ne voit pas ailleurs; elles sont
grandes, bien faites, extrêmement
déliées à la ceinture; elles ont le
visage charmant. Les hommes sont
aussi fort beaux; ils ont naturellement de l'esprit; ils sont civils, humains & graves; ils ne se mettent
que très - rarement en colère. Leur
mauvaise éducation les rend ignorans & vicieux; & il n'y a peut-être
aucun pays, dans le monde, où le
libertinage & l'ivrognerie soient à un
si haut point qu'en *Géorgie.*

Circassiens & Mingreliens.

Les *Circassiens* & les *Mingreliens*
sont aussi beaux, aussi bien faits que
les Géorgiens; & il semble que ces
trois peuples ne fassent qu'une seule
& même race d'hommes. Les *Min-*

greliens ne font point jaloux. Un mari, qui prend fa femme fur le fait avec fon galant , n'a droit que de contraindre ce dernier à payer un *cochon*, qui fe mange entr'eux trois. Dans tous ces pays, les efclaves ne font pas chers. On a une très-belle fille, d'entre treize & dix-huit ans, moyennant vingt écus.

Turcs.

Les *Turcs*, qui achetent un grand nombre de ces efclaves, font un peuple compofé de plufieurs autres peuples. En général, ils font robuftes & affez bien faits ; il eft même affez rare de trouver, parmi eux, des boffus & des boiteux. Les femmes font auffi ordinairement belles, bien faites, & fans défaut ; elles font blanches, parce qu'elles fortent peu, & que, quand elles fortent, elles font toujours voilées. Elles fe mettent de la tutie, brûlée & préparée, dans les yeux, pour les rendre plus noirs ; elles se baignent aussi très-souvent ; elles se parfument tous les jours, & il n'y a rien qu'elles ne mettent en usage pour conserver ou pour augmenter leur beauté. On prétend cependant que les *Persanes* se recherchent encore plus sur la propreté que les *Turques* : les hommes sont aussi de différens goûts sur la beauté ; les *Persans* veulent des brunes, & les *Turcs* des rousses.

Juifs.

On a prétendu que les *Juifs*, qui tous sortent originairement de la *Syrie* & de la *Palestine*, ont encore aujourd'hui le teint brun comme ils l'avoient autrefois ; mais c'est une erreur de dire que tous les Juifs sont basanés : cela n'est vrai que des *Juifs Portugais*. Ces gens-là se mariant toujours les uns avec les autres, les enfans ressemblent à leurs père &

mère, & leur teint brun se perpétue
ainsi, avec peu de diminution, par-
tout où ils habitent, même dans les
pays du Nord. Aujourd'hui les habitans de la *Judée* ressemblent aux autres *Turcs* ; seulement ils sont plus
bruns que ceux de *Constantinople*,
ou des côtes de la mer Noire.

Grecs.

Les *Grecs* regardent comme une
très-grande beauté dans les femmes,
d'avoir de grands & de gros yeux, &
les sourcils fort élevés; & ils veulent
que les hommes les aient encore plus
gros & plus grands. On peut remarquer, dans tous les bustes antiques,
médailles, &c. des anciens *Grecs*,
que les yeux sont d'une grandeur excessive, en comparaison de celle des
yeux dans les bustes & les médailles
Romaines. Généralement, les femmes *Grecques* sont plus belles & plus
vives que les *Turques*, & elles ont

de plus l'avantage d'une beaucoup
plus grande liberté. Elles ont les plus
beaux cheveux du monde, sur-tout
dans le voisinage de *Constantinople* ;
mais ces femmes, dont les cheveux
descendent jusqu'aux talons, n'ont
pas les traits aussi réguliers que les
autres *Grecques.* Celles de l'isle de
Chio sont fort familières avec les
hommes : les filles voient les Etrangers fort librement ; & toutes
ont la gorge entièrement découverte.

Peuples de l'Europe.

Les *Grecs*, les *Napolitains*, les
Siciliens, les habitans de *Corse*, de
Sardaigne, & les *Espagnols*, étant
situés à peu près sous le même parallèle, sont assez semblables pour
le teint. Tous ces peuples sont plus
basanés que les *François*, les *Anglois*, les *Allemands*, les *Polonois*,
les *Moldaves*, & tous les autres

habitans du Nord de l'Europe (*a*).

Suédois.

Les hommes à cheveux noirs ou

(*a*) Les *Italiens* ont beaucoup de
maturité, de foupleffe, de prévoyance
& de fagacité. Une éloquence vive &
naturelle, l'aptitude au Gouvernement,
l'attention aux bienféances, l'honnêteté
pour les Etrangers, le goût de la repré-
fentation, font des qualités également
communes chez eux. Ils ont beaucoup
de penchant pour la jaloufie & pour
l'amour. Mais cette dernière paffion
n'eft-elle pas le foible de tous les hommes, & la jaloufie ne prouve-t-elle pas
la vérité de l'amour ? Quoique les Italiens ne paroiffent rien moins que guer-
riers, cependant l'amour de la liberté
les anime, & il vaut des armées, lorfqu'il s'agit de réprimer le pouvoir arbi-
traire. L'Italien eft fouvent d'une figure
agréable ; cela dépend affez ordinairement de fon maintien ; il l'a tel qu'il
convient, lorfqu'il affecte un peu du

bruns commencent à être rares en *Angleterre*, en *Flandre*, en *Hol-*

---

férieux de l'Anglois. Les Italiennes abondent en fentimens. Elles ont affez communément une taille légère, des graces vives fans être factices. Quoiqu'elles foient brunes, elles fe paffent bientôt. Un goût qui leur eft affez commun, c'eft celui des Lettres & des Sciences.

Le célèbre *Montefquieu* a dit : que les *Efpagnols* formoient une nation toute propre à poffeder inutilement un vafte & beau pays. Une gravité affectée, le penchant à la Chevalerie, le mépris pour les autres peuples & pour les travaux utiles, une eftime pouffée à l'excès pour la Nobleffe, l'orgueil qui eft la fuite ou plutôt le principe de cette façon de penfer, forment le caractère national des Efpagnols. Ils ne manquent, d'ailleurs, ni de génie, ni de valeur, ni de beaucoup d'autres qualités recommandables : il eft à croire que la chaleur exceffive du climat les rend paref-

lande, & dans les Provinces septentrionales de l'*Allemagne* : on n'en

feux, comme le mélange des Maures
leur a communiqué cet esprit romanes-
que qui caractérise les Asiatiques. Un
bel Espagnol est parfaitement beau ;
mais il connoît trop son mérite. Les
Espagnoles, sur-tout les Biscayennes,
font les plus belles femmes de l'Europe ;
elles font tendres, sincères, pleines de
feu ; elles pèchent souvent par la mai-
greur.

Les *Portugais* ressemblent aux Espagnols par la figure & les traits ; ils ont
les mêmes inclinations, les mêmes
mœurs. Naturellement pleins d'imagination & de vivacité, la superstition les
rend timides, ombrageux, réservés.
La chaleur du climat & la tyrannie de
l'Inquisition les retiennent aussi dans
une funeste indolence.

Si l'homme est un animal sociable,
le *François* est plus homme qu'un autre ;
car il semble être fait uniquement pour
la société. Le François est vif, agréa-

trouve presque point en *Danemarck*, en *Suède*, en *Pologne*. Les

---

ble, enjoué, quelquefois imprudent, souvent indiscret, toujours léger. Il a du courage, de la générosité, de la franchise ; amateur de la liberté, il est docile aux ordres de son Souverain, auquel il obéit par amour.

Les François se présentent & s'annoncent avec grace & dignité. Les Toulousains sont peut-être les plus beaux hommes de l'Europe, (*expilli*) ; ils sont grands & bien faits, ils ont l'air mâle & la démarche ferme & dégagée. Les femmes Françoises, sans être plus belles que les autres femmes de l'Europe, le paroissent par les agrémens qu'elles savent se donner. Au reste, on sait que les Avignonoises peuvent disputer le prix de la beauté aux Biscayennes. Elles sont grandes, bien faites, & d'une blancheur d'albâtre. Elles ont le plus beau teint du monde, des couleurs admirables, un air de fraîcheur qui charme, & une vivacité piquante.

femmes font fort fécondes en Suède;
elles y font ordinairement dix ou

L'*Anglois* a l'efprit lent, mais jufte &
profond; fon cœur eft froid & difficile
à émouvoir, mais emporté jufqu'à la
fureur, lorfqu'il eft ému. Si l'on juge
de fes fentimens par fes amufemens fa-
voris, on le croira cruel ; mais il eft
affez humain & généreux. L'amour de
la liberté eft le mobile de fes actions &
la fource de fes maux. Son indépendance dont il eft jaloux, le rend peu
fouple & fier. Il ne fe pique point de
politeffe dans la fociété, ni de délicateffe dans fes plaifirs ; il fe livre fans
réferve à fes goûts. Auffi la fatiété lui
rend-elle la vie à charge, & lui en fait
bien fouvent hâter la fin. Le peuple,
en Angleterre, eft extrêmement groffier; il aime la licence & le tumulte ;
malgré l'enthoufiafme de la liberté qui
l'aveugle, il reconnoît fouvent qu'il a
plus d'un maître. L'Anglois eft très-bel
homme ; mais on le voudroit moins
férieux & moins fier. Les Angloifes

douze enfans, & il n'eſt pas rare qu'elles en faſſent dix-huit, vingt,

---

ſont tendres & pleines de ſentiment : elles ſeroient d'une beauté parfaite, ſi elles n'étoient pas généralement trop blanches ; ce qui fait qu'elles paroiſſent fades.

Les *Hollandois* ſont dans l'abondance, & vivent dans l'économie. Une noble ſimplicité fait l'ornement de leurs demeures ; on n'y voit point le faſte pompeux de nos palais. La propreté Hollandoiſe eſt connue. Ce peuple laborieux, éclairé, bon politique, s'eſt ſi fort enrichi par ſon commerce, & s'eſt rendu ſi reſpectable aux autres nations, dont il eſt ſouvent l'arbitre, qu'on ne croiroit jamais qu'il compoſe l'Etat le plus moderne de l'Europe. Le Hollandois plus honnête que poli, plus ſenſé que ſpirituel, a ordinairement une taille épaiſſe ; ſon maintien eſt fort ſimple. Les Hollandoiſes plaiſent par leur ſincérité & leur douceur : elles pèchent ſouvent par trop d'embonpoint.

vingt-quatre , vingt-huit, & jusqu’à trente. Cette fécondité dans les fem-

---

Les *Allemands* poussent à l’excès la vanité des titres ; & c’est, peut-être, en cela seul qu’ils ne ressemblent pas aux anciens Germains dont Tacite nous a tracé les mœurs. Ceux-ci aimoient les présens & les festins : *Gaudent muneribus* , *&c.* On a dit des Allemands, qu’ils sont plus avides de plaisir que de gloire. Les Germains étoient remplis de bonne foi & de courage ; *Gens non astuta* , *&c.* : ces mêmes qualités se trouvent au plus haut dégré dans les Allemands. Chez les premiers , on ne plaisantoit point sur les vices , ils étoient sévères , équitables , grossiers , amateurs de leur liberté ; *Nemo vitia illìc non ridet :* les Allemands , naturel- lement bons , sont aussi durs , opiniâ- tres , & jaloux de leurs priviléges.

S’il étoit moins rare de voir , en Al- lemagne , de belles jambes , on y ver- roit plus communément de très-beaux hommes. Les femmes y conservent long-

mes ne suppose pas qu'elles aient plus de penchant à l'amour : les hommes même sont beaucoup plus chastes dans les pays froids que dans les climats méridionaux. On est moins amoureux en *Suède* qu'en *Espagne*, ou en *Portugal*, & cependant les femmes y font beaucoup plus d'enfans. Tout le monde sait que les peuples du Nord ont inondé toute l'Europe, au point que les Historiens ont appellé le Nord, *officina gentium.* Les hommes vivent ordinairement, en *Suède*, plus long-temps que dans la plupart des autres royaumes de l'Europe ; il s'y trouve souvent des hommes qui passent cent ans, & quelques-uns vivent jusqu'à cent soixante.

Danois.

Les *Danois* sont grands & robustes,

---

temps leur fraîcheur ; elles ont beaucoup de douceur, & souvent trop d'ingénuité.

d'un teint vif & coloré, & ils vivent fort long-temps, à caufe de la
pureté de l'air qu'ils refpirent : les
femmes font auffi fort blanches, affez bien faites, & très-fécondes.

Mofcovites.

Avant *Pierre* le Grand, les Mofcovites étoient, dit-on, encore prefque barbares : le peuple, né dans l'ef-
clavage, étoit groffier, brutal, cruel,
fans courage, & fans mœurs. Cependant, dès ce temps-là même, les femmes *Mofcovites* favoient fe mettre du
rouge, s'arracher les fourcils, fe les
péindre, ou s'en former d'artificiels :
elles favoient auffi porter des pierre-
ries, parer leurs coëffures de perles,
fe vêtir d'étoffes riches & précieufes.
Ceci ne prouve-t-il pas que la barbarie commençoit à finir, & que leur
Souverain n'a pas eu autant de peine
à les policer, que quelques Auteurs
ont voulu l'infinuer ? Ce peuple eft

aujourd'hui civilisé , commerçant ,
curieux des Arts & des Sciences, aimant les spectacles & les nouveautés
ingénieuses. Il ne suffit pas d'un grand
homme pour faire ces changemens ,
il faut encore que ce grand homme
naisse à propos.

En réfléchissant sur la description
historique que nous venons de faire
de tous les peuples de l'Europe & de
l'Asie , il paroît que la couleur dépend beaucoup du climat , sans cependant qu'on puisse dire qu'elle en
dépend entièrement. Il y a , en effet , plusieurs causes qui doivent influer sur la couleur , & même sur la
forme du corps & des traits des différens peuples : les principales sont la
nourriture & les mœurs , ou la manière de vivre. Nous examinerons les
variétés que ces causes peuvent produire , lorsque nous aurons donné la
description des peuples de l'Afrique.
& de l'Amérique.

Nous

Nous avons déjà parlé des nations de toute la partie feptentrionale de l'Afrique, depuis la mer Méditerranée jufqu'au tropique : tous ceux qui font au delà du tropique, depuis la mer Rouge jufqu'à l'Océan, font encore des efpèces de Maures, mais fi bafanés qu'ils paroiffent prefque tout noirs ; les hommes, fur-tout, font extrêmement bruns ; les femmes font un peu plus blanches, bien faites, & affez belles.

Ethiopiens.

On a été long-temps dans l'erreur au fujet de la couleur & des traits du vifage des *Ethiopiens*, parce qu'on les a confondus avec les *Nubiens*, leurs voifins, qui font cependant d'une race différente. La couleur naturelle des Ethiopiens eft brune ou olivâtre, comme celle des *Arabes* méridionaux, defquels ils tirent probablement leur origine. Ils

ont la taille haute, les traits du visage
bien marqués, les yeux beaux &
bien fendus, le nez bien fait, les lèvres petites , & les dents blanches ;
au lieu que les habitans de la *Nubie*
ont le nez écrasé, les lèvres grosses
& épaisses , & le visage fort noir.
Les Ethiopiens sont un peuple à demi
policé ; leurs vêtemens sont de toile
de coton, & les plus riches en ont
de soie ; leurs maisons sont basses &
mal bâties ; leurs terres sont fort mal
cultivées. Ils manquent de sel, & ils
l'achetent au poids de l'or ; ils aiment
assez la viande crue ; ils ne boivent
point de vin , quoiqu'ils aient des
vignes ; leur boisson ordinaire est faite
avec des tamarins , & a un goût ai-
grelet. Ils ont très-peu de connoissance des Sciences & des Arts ; car
leur Langue n'a aucune règle , & leur
manière d'écrire est très-peu perfec-
tionnée. Il leur faut plusieurs jours
pour écrire une lettre , quoique

leurs caractères foient plus beaux que ceux des *Arabes*. Ils ont une manière fingulière de faluer : ils fe prennent la main droite les uns aux autres, & fe la portent mutuellement à la bouche ; ils prennent auffi l'écharpe de celui qu'ils faluent, & ils fe l'attachent autour du corps, de forte que ceux qu'on falue demeurent à moitié nus ; car la plupart ne portent que cette écharpe, avec un caleçon de coton.

Acridophages.

Sur les frontières des déferts de l'Ethiopie, on trouve un peuple qu'on a appellé *Acridophages*, ou mangeurs de fauterelles. Ils font noirs, maigres, très-légers à la courfe, & fort petits de taille. Au printemps, certains vents chauds, qui viennent de l'Occident, leur amenent un nombre infini de fauterelles : comme ils n'ont ni bétail, ni poiffon, ils font réduits à vivre de ces fauterelles, qu'ils ramaffent en grande quantité ; ils les foupoudrent de fel, & ils les gardent pour fe nourrir pendant toute l'année. Cette mauvaife nourriture produit deux effets finguliers : le premier eft qu'ils vivent à peine jufqu'à l'âge de quarante ans ; & le fecond, c'eft que, lorfqu'ils approchent de cet âge, il s'engendre, dans leur chair, une multitude d'infectes ailés, qui commencent par leur manger le ventre, enfuite la poitrine, & les rongent jufqu'aux os.

Noirs.

Il y a autant de variétés dans la race des Noirs que dans celle des Blancs : les Noirs ont, comme les Blancs, leurs Tartares & leurs Circaffiens. Il eft donc néceffaire de divifer les Noirs en différentes races, & il me femble qu'on peut les réduire à deux principales : celle des

Nègres, & celle des *Caffres*. Ces deux espèces d'hommes se ressemblent plus par la couleur, que par les traits du visage : leurs cheveux, leur peau, l'odeur de leur corps, leurs mœurs & leur naturel, sont aussi très différens. En examinant les différens peuples qui composent chacune de ces races noires, nous y trouverons toutes les nuances du brun au noir, comme nous avons trouvé, dans les races blanches, toutes les nuances du brun au blanc.

Peuples qui composent la première race.
Nègres du Sénégal.

Les premiers Nègres qu'on trouve sont ceux qui habitent le bord méridional du *Sénégal* (*a*). Ces peuples

____

(*a*) Les habitans des isles *Canaries*, dit M. *de Buffon*, ne sont pas des Nègres, puisque les Voyageurs assurent que les anciens habitans de ces isles étoient bien faits, d'une belle taille, d'une

s'appellent *Jalofes*: ils font tous fort noirs, bien proportionnés, & d'une

---

forte complexion. Ceux qui habitent dans le continent de l'Afrique, à la même hauteur de ces isles, font des Maures affez basanés, mais qui appartiennent, auffi-bien que ces Infulaires, à la race des Blancs. Les habitans du *Cap-Blanc* font encore des Maures qui fuivent la loi Mahométane, & qui, comme les Arabes, errent de place en place. C'eft d'eux que nous tirons la gomme *Arabique*. On trouve en quelques endroits, au nord & au midi du *Séné-gal*, une efpèce d'hommes qu'on appelle *Foules*, qui femblent faire la nuance entre les *Maures* & les *Nègres*, & qui pourroient bien n'être que des Mulâtres produits par le mêlange des deux nations. Les isles du Cap-Verd font de même toutes peuplées de Mu-lâtres, venus des premiers *Portugais* qui s'y établirent, & des *Nègres* qu'ils y trouvèrent : on les appelle *Nègres*, *couleur de cuivre*.

taille assez avantageuse ; les traits de leur visage font moins durs que ceux des autres Nègres ; il y en a, sur-tout des femmes, qui ont les traits fort réguliers. Ils ont aussi les mêmes idées que nous de la beauté ; car ils veulent de beaux yeux, une petite bouche, des lèvres proportionnées, & un nez bien fait : il n'y a que sur le fond du tableau qu'ils pensent différemment, il faut que la couleur soit très-noire & très-luisante. Ils ont aussi la peau très-fine & très-douce, & il y a, parmi eux, d'aussi belles femmes, à la couleur près, que dans aucun autre pays du monde. Elles sont ordinairement bien faites, gaies, vives & portées à l'amour ; elles ont du goût pour tous les hommes, & sur-tout pour les Blancs. Au reste, ces femmes ont toujours la pipe à la bouche, & leur peau ne laisse pas d'avoir aussi une odeur désagréable lorsqu'elles sont échauffées, quoique l'odeur de ces

G 4

Nègres du *Sénégal* soit beaucoup
moins forte que celle des autres Nègres. Elles aiment beaucoup à sauter
& à danser au bruit d'une calebasse,
ou d'un tambour; tous les mouvemens de leurs danses sont autant de
postures lascives & de gestes indé-
cens : elles se baignent souvent, &
elles se liment les dents pour les rendre plus égales. Ces Négresses sont
fort fécondes , & accouchent avec
beaucoup de facilité & sans aucun
secours ; les suites de leurs couches
ne sont point fâcheuses. Elles ont une
très-grande tendresse pour leurs enfans ; elles sont aussi beaucoup plus
adroites & plus spirituelles que les
hommes ; elles cherchent même à se
donner des vertus, comme celles de
la discrétion & de la tempérance.
Pour s'accoutumer à manger & parler peu, elles prennent de l'eau le
matin, & la tiennent, dans leur bouche, pendant tout le temps qu'elles

s'occupent à leurs affaires domes-
tiques, & elles ne la rejettent que
quand l'heure du premier repas est
arrivée.

Nègres du Cap-Verd.

Les Nègres de l'isle de *Gorée* & de
la côte du *Cap-Verd*, sont, comme
ceux du bord du *Sénégal*, bien faits
& très-noirs. Ils font un si grand cas
de leur couleur, qui est en effet d'un
noir d'ébène profond & éclatant,
qu'ils méprisent les autres Nègres qui
ne sont pas si noirs, comme les Blancs
méprisent les basanés. Quoiqu'ils
soient forts & robustes, ils sont très-
paresseux; ils n'ont point de blé,
point de vin, point de fruits; ils ne
vivent que de poisson & de millet;
ils ne mangent que très-rarement de
la viande, &, quoiqu'ils aient fort
peu de mets à choisir, ils ne veulent
point manger d'herbes, & ils com-
parent les Européens aux chevaux,

parce qu'ils mangent de l'herbe : au
reste, ils aiment paſſionnément l'eau-
de-vie dont ils s'enivrent ſouvent ;
ils vendent leurs enfans, leurs parens,
& quelquefois ils ſe vendent eux-
mêmes pour en avoir. L'extrême pauvreté dans laquelle ils vivent, ne les
empêche pas d'être contens & très-
gais ; ils croient que leur pays eſt le
meilleur & le plus beau climat de la
terre, qu'ils ſont eux-mêmes les plus
beaux hommes de l'Univers, parce
qu'ils ſont les plus noirs.

Nègres de Guinée.

Les Nègres de *Sierra-Liona* & de
Guinée ſe peignent ſouvent le corps
de rouge & d'autres couleurs ; ils ſe
peignent auſſi le tour des yeux de
blanc, de jaune, de rouge, & ſe
font des marques & des raies de
différentes couleurs ſur le viſage. Les
femmes ſont encore plus débauchées
que celles du Sénégal ; il y en a un

très-grand nombre qui font publi-
ques, & cela ne les déshonore en
aucune façon. Ces Nègres, hommes
& femmes, vont toujours la tête découverte; ils fe rafent, ou fe coupent les cheveux. Leur vêtement con-
fifte en une efpèce de tablier fait d'é-
corce d'arbre, & quelques peaux de
finge qu'ils portent pardeffus ce tablier; ils attachent à ces peaux des
fonailles, femblables à celles que
portent nos mulets; ils couchent fur
des nattes de jonc; leur principale
nourriture font des ignames, ou des
bananes. Ils n'ont aucun goût que
celui des femmes, & aucun defir
que celui de ne rien faire. Ils arrivent
rarement à une certaine vieilleffe:
un Nègre de cinquante ans eft, dans
fon pays, un homme fort vieux, ils
paroiffent l'être dès l'âge de quarante;
l'ufage prématuré des femmes eft
peut-être la caufe de la briéveté de
leur vie. Les enfans font fi débauchés,

& si peu contraints par les pères &
mères, que, de leur tendre jeunesse,
ils se livrent à tout ce que la nature
leur suggère : rien n'est si rare que de
trouver, dans ce peuple, quelque
fille qui puisse se souvenir du temps
auquel elle a cessé d'être vierge.

Nègres de Congo.

Les Nègres de *Congo* sont noirs,
mais les uns plus que les autres, &
moins que les *Sénégalois* : ils ont,
pour la plupart, les cheveux noirs &
crépus ; mais quelques - uns les ont
roux. Les hommes sont de grandeur
médiocre, les uns ont les yeux bruns,
& les autres couleur de verd de mer ;
ils n'ont pas les lèvres si grosses que
les autres Nègres, & les traits de leur
visage sont assez semblables à ceux
des Européens. Ils ont des usages très-
singuliers. Dans la province de *Mali-
moa*, c'est la femme qui ennoblit le
mari. Quand le Roi meurt & qu'il

ne laiſſe qu'une fille, elle eſt maî-
treſſe abſolue du Royaume, pourvu
néanmoins qu'elle ait atteint l'age
nubile. Elle commence par ſe mettre
en marche pour faire le tour de ſon
Royaume : dans tous les bourgs &
villages où elle paſſe, tous les hommes ſont obligés, à ſon arrivée, de
ſe mettre en haie pour la recevoir,
& celui d'entre eux qui lui plaît le
plus, va paſſer la nuit avec elle. Au
retour de ſon voyage, elle fait venir
celui de tous dont elle a été le plus
ſatisfaite, & elle l'épouſe ; après quoi
elle ceſſe d'avoir aucun pouvoir ſur
ſon peuple, toute l'autorité étant,
dès-lors, dévolue à ſon mari. Lorſque ces Nègres de *Congo* ſentent de
la douleur à la tête, ou dans quelque
autre partie du corps, ils font une
légère bleſſure à l'endroit doulou-
reux, & ils appliquent, ſur cette
bleſſure, une eſpèce de petite corne
percée, au moyen de laquelle ils

sucent, comme avec un chalumeau, le sang, jusqu'à ce que la douleur soit appaisée.

Quoiqu'en général tous ces Nègres aient peu d'esprit, ils ne laissent pas d'avoir beaucoup de sentiment; ils sont gais ou mélancoliques, laborieux ou fainéans, amis ou ennemis, selon la manière dont on les traite. Lorsqu'on les nourrit bien & qu'on ne les maltraite pas, ils sont contens, joyeux, prêts à tout faire, & la satisfaction de leur ame est peinte sur leur visage; mais quand on les traite mal, ils prennent le chagrin fort à cœur, & périssent quelquefois de mélancolie. Ils sont donc fort sensibles aux bienfaits & aux outrages, & ils portent une haine mortelle contre ceux qui les ont maltraités: lorsqu'au contraire ils s'affectionnent à un Maître, il n'y a rien qu'ils ne fussent capables de faire pour lui marquer leur zèle & leur dévoue-

ment. Ils font naturellement compatiffans, & même tendres, pour leurs
enfans, pour leurs amis, pour leurs
compatriotes: ils partagent volontiers
le peu qu'ils ont avec ceux qu'ils
voient dans le befoin, fans même les
connoître autrement que par leur
indigence. Ils ont donc, comme l'on
voit, le cœur excellent ; ils ont le
germe de toutes les vertus. Je ne puis
écrire leur hiftoire, fans m'attendrir
fur leur état. Ne font-ils pas affez
malheureux d'être réduits à la fervitude, d'être obligés de toujours travailler, fans pouvoir jamais rien acquérir ? Faut-il encore les excéder,
les frapper, & les traiter comme des
animaux ? L'humanité fe révolte contre ces traitemens odieux, que l'avidité du gain a mis en ufage, & qu'elle
renouvelleroit peut-être tous les
jours, fi nos Loix n'avoient pas mis
un frein à la brutalité des Maîtres, &
refferré les limites de la mifère de

leurs efclaves. On les force de travail, on leur épargne la nourriture,
même la plus commune. Ils fuppor-
tent, dit-on, très-aifément la faim:
pour vivre trois jours, il ne leur faut
que la portion d'un Européen pour
un repas ; quelque peu qu'ils mangent & qu'ils dorment, ils font toujours également durs, également forts
au travail. Comment des hommes,
à qui il refte quelque fentiment d'humanité, peuvent-ils adopter ces ma-
ximes, en faire un préjugé, & chercher à légitimer, par ces raifons, les
excès que la foif de l'or leur fait
commettre ? Mais laiffons ces hommes durs, & revenons à notre objet.

Peuples qui compofent la feconde race.

On ne connoît guère les peuples
qui habitent les côtes & l'intérieur
des terres de l'Afrique, depuis le *Cap-
Nègre* jufqu'au *Cap* des *Voltes* ; ce
qui fait une étendue d'environ qua-

tre cents lieues. On fait feulement
que ces hommes font beaucoup
moins noirs que les autres Nègres,
& ils reffemblent affez aux *Hottentots*, defquels ils font voifins du côté
du midi. Ces *Hottentots*, au contraire, font bien connus, & prefque
tous les Voyageurs en ont parlé : ce
ne font pas des Nègres, mais des
Caffres, qui ne feroient que bafanés,
s'ils ne fe noirciffoient pas la peau
avec des graiffes & des couleurs. Ils
font de la plus affreufe mal-propreté ;
ils font errans, indépendans, & très-
jaloux de leur liberté. L'articulation
de leur voix reffemble à des foupirs :
ils font d'une taille médiocre, maigres, & fort légers à la courfe. Les
femmes font beaucoup plus petites
que les hommes : elles ont une efpèce d'excroiffance, ou de peau large
& dure, qui leur vient au deffous du
nombril, & qui defcend jufqu'au
milieu des cuiffes en forme de tablier.

Elles font toutes fujettes à cette monftrueufe difformité, qu'elles découvrent à ceux qui ont affez de curiofité, ou d'intrépidité, pour demander à la voir, ou à la toucher. Les hommes, de leur côté, font tous à demi eunuques ; mais il eft vrai qu'ils ne naiffent pas tels, & qu'on leur ôte un tefticule ordinairement à l'âge de huit ans, & fouvent plus tard.

Peuples de Natal, de Sofala, & de Monomotapa.

Au delà du Cap de *Bonne-Efpérance*, on trouve la terre de *Natal*, dont les habitans font beaucoup moins mal-propres & moins laids que les Hottentots. Ils font auffi naturellement plus noirs, ils ont le vifage en ovale, le nez bien proportionné, la mine agréable, les cheveux naturellement frifés ; mais ils ont auffi un peu de goût pour la graiſſe, car ils portent des bonnets de ſuif de bœuf. Les peuples de *Sofala* ſont noirs, mais plus grands & plus gros que les autres *Caffres*. C'eſt aux environs de ce Royaume que pluſieurs Auteurs placent les *Amazones*; mais rien n'eſt plus incertain que ce qu'on a débité ſur le ſujet de ces femmes guerrières. Ceux du *Monomotapa* ſont aſſez grands, bien faits dans leur taille, noirs, & de bonne complexion : les jeunes filles vont nues, mais dès qu'elles ſont mariées, elles prennent des vêtemens.

Les peuples de la côte de *Moſambique* ſont fort ſauvages, & jaloux de leur liberté : ils vont tous abſolument nus, hommes & femmes; ils ſe nourriſſent de chair d'éléphant, & font commerce de l'ivoire. L'iſle de *Madagaſcar* eſt extrêmement peuplée, & fort abondante en pâturages & en beſtiaux. Les hommes & les femmes ſont fort débauchés, & celles

qui s'abandonnent publiquement y
ne font pas déshonorées. Ils aiment
tous beaucoup à danfer, à chanter,
& à fe divertir; &, quoiqu'ils foient
fort pareffeux, ils ne laiffent pas d'a-
voir quelque connoiffance des Arts
méchaniques.

Nous avons dit ci-deffus que les
peuples, qui habitent dans l'intérieur
de l'Afrique, ne nous font pas affez
connus pour les décrire : ceux que
les *Arabes* appellent *Zingues*, font
des Noirs prefque fauvages, qui
multiplient prodigieufement, & qui
inonderoient tous les pays voifins,
fi, de temps en temps, il n'y avoit
pas une grande mortalité parmi eux,
caufée par des vents chauds.

Il paroît par tout ce que nous venons de rapporter, que les *Nègres*,
proprement dits, font différens des
Caffres, qui font des Noirs d'une
autre efpèce. Mais ce que ces defcriptions indiquent plus clairement,

c'eft que la couleur dépend principalement du climat, & que les traits
dépendent beaucoup des ufages où
font les différens peuples de s'écrafer
le nez, de fe tirer les paupières, de
s'alonger les oreilles, de fe groffir
les lèvres, de s'applatir le vifage,
&c. Rien ne prouve mieux combien
le climat influe fur la couleur, que
de trouver fous le même parallèle,
à plus de mille lieues de diftance, des
peuples auffi femblables que le font
les *Sénégalois* & les *Nubiens*, & de
voir que les *Hottentots*, qui n'ont
pu tirer leur origine que de nations
noires, font cependant les plus blancs
de tous ces peuples de l'Afrique,
parce qu'en effet ils font dans le climat le plus froid de cette partie du
Monde.

L'origine des variétés dans la couleur des hommes, a, dans tous les
temps, fait une grande queftion.
Mais avant que d'expofer ce que

nous avons à dire sur ce sujet, nous croyons qu'il est nécessaire de considérer tous les différens peuples de l'Amérique, comme nous avons considéré ceux des autres parties du Monde : après quoi, nous serons plus en état de faire de justes comparaisons, & d'en tirer des résultats généraux.

En commençant par le Nord, on trouve, dans les parties les plus septentrionales de l'Amérique, des espèces de *Lappons* semblables à ceux d'Europe, ou aux *Samoïèdes* d'Asie ; &, quoiqu'ils soient peu nombreux en comparaison de ceux-ci, ils ne laissent pas d'être répandus dans une étendue de terre fort considérable. Ceux qui habitent les terres du détroit de *Davis*, sont petits, d'un teint olivâtre ; ils ont les jambes courtes & grosses ; ils sont habiles pêcheurs ; ils mangent leur poisson & leur viande cruds ; leur boisson est de l'eau pure, ou du sang de chien de mer; ils sont fort robustes, & vivent fort long-temps. Voilà, comme l'on voit, la figure, la couleur, & les mœurs des *Lappons* ; & ce qu'il y a de singulier, c'est que de même qu'on trouve, auprès des *Lappons* en Europe, les *Finnois* qui sont blancs, beaux, assez grands, & assez bien faits, on trouve aussi, auprès de ces *Lappons* d'Amérique, une autre espèce d'hommes qui sont grands, bien faits, & assez blancs, avec les traits du visage fort réguliers. Les Sauvages de la baie de *Hudson*, & du Nord de la terre de *Labrador*, ne paroissent pas être de la même race que les premiers, quoiqu'ils soient laids, petits, mal faits. Ils ont le visage presque entièrement couvert de poil, comme les Sauvages du pays d'Yeco : ils habitent, l'été, sous des tentes faites de peaux d'orignal ; l'hiver, ils vivent sous terre comme les *Lappons* & les

Samoïedes. Les Sauvages de *Terre-Neuve* reſſemblent aſſez à ceux du détroit de *Davis*; ils ſont de petite taille; ils n'ont que peu ou point de barbe; leur viſage eſt large & plat.

Au deſſous de ces Sauvages, qui ſont répandus dans les parties les plus ſeptentrionales de l'Amérique, on trouve d'autres Sauvages plus nombreux, & tout différens des premiers: ce ſont ceux du *Canada*, & de toute la profondeur des terres juſqu'aux *Aſſiniboïls.* Ils ſont tous aſſez grands, robuſtes, forts, & aſſez bien faits; ils ont tous les cheveux & les yeux noirs, les dents très-blanches, le teint baſané, peu de barbe, & point ou preſque point de poil en aucune partie du corps. Ils ſont durs & infatigables à la marche, très-légers à la courſe; ils ſupportent auſſi aiſément la faim que les plus grands excès de nourriture; ils ſont hardis, courageux, fiers, graves & modérés; enfin,

enfin, ils reſſemblent ſi fort aux *Tar-tares* orientaux par la couleur de la peau, des cheveux & des yeux, par le peu de barbe & de poil, & auſſi par le naturel & les mœurs, qu'on les croiroit iſſus de cette nation, ſi on ne les regardoit pas comme ſéparés les uns des autres par une vaſte mer. Ils ſont auſſi ſous la même latitude ; ce qui prouve encore combien le climat influe ſur la couleur, & même ſur la figure des hommes.

Si l'on n'a rencontré, dans toute l'Amérique ſeptentrionale, que des Sauvages, on a trouvé au *Mexique* & au *Pérou* des hommes civiliſés, des peuples policés, ſoumis à des Loix, & gouvernés par des Rois. Ils avoient de l'induſtrie, des arts, & une eſpèce de religion : ils habitoient dans des villes, où l'ordre & la police étoient maintenus par l'autorité du Souverain. Ces peuples, qui d'ailleurs étoient aſſez nombreux, ne peuvent

H

pas être regardés comme des nations nouvelles, ou des hommes provenus de quelques individus, échappés des peuples de l’Europe ou de l’Asie, dont ils sont si éloignés. D’ailleurs, si les Sauvages de l’Amérique septentrionale ressemblent aux Tartares, parce qu’ils sont situés sous la même latitude ; ceux qui sont, comme les Nègres, sous la zone torride, ne leur ressemblent point.

Les Sauvages de la Floride, du Mississipi, & des autres parties méridionales du continent de l’Amérique septentrionale, sont plus basanés que ceux du Canada, sans cependant qu’on puisse dire qu’ils soient bruns : l’huile & les couleurs, dont ils se frottent le corps, les font paroître plus olivâtres qu’ils ne le font en effet. Les femmes de la Floride sont fort agiles : elles passent à la nage de grandes rivières, en tenant même leur enfant avec le bras ; & elles grimpent, avec une pareille agilité, sur les arbres les plus élevés : tout cela leur est commun avec les femmes sauvages du *Canada*, & des autres contrées de l'Amérique.

Les Naturels des isles Lucayes sont moins basanés que ceux de *Saint-Domingue* & de l'isle de *Cube*; mais il en reste si peu des uns & des autres aujourd'hui, qu'on ne peut guère vérifier ce que nous en ont dit les premiers Voyageurs qui ont parlé de ces peuples.

Les Caraïbes, en général, sont des hommes d'une belle taille & de bonne mine : ils sont puissans, forts & robustes, très-dispos & très-sains. Presque tous les Caraïbes ont les yeux noirs & assez petits : ils ont les dents belles, blanches, & bien rangées, les cheveux longs & lisses, & tous les ont noirs; on n'en a jamais vu un seul avec des cheveux blonds : ils ont la peau basanée, ou couleur d'olive,

& même le blanc des yeux en tient
un peu. Tous ces Sauvages ont l'air
rêveur, quoiqu'ils ne penfent à rien ;
ils ont le vifage trifte , & ils paroiffent être mélancoliques ; ils font.na-
turellement doux & compatiffans ,
quoique très-cruels à leurs ennemis,
Ils prennent affez indifféremment
pour femmes leurs parentes, ou des
étrangères ; leurs coufines - germaines
leur appartiennent de droit , & on en
a vu plufieurs qui avoient en même
temps les deux fœurs, ou la mère &
la fille , & même leur propre fille.
Ceux qui ont plufieurs femmes , les
voient tour-à-tour chacune pendant
un mois , ou un nombre de jours
égal , & cela fuffit pour que ces femmes n'aient aucune jaloufie ; ils par-
donnent affez volontiers l'adultère à
leurs femmes, mais jamais à celui qui
les a débauchées. Comme ils font extrêmement pareffeux & accoutumés
à la plus grande indépendance , ils

déteftent la fervitude, & on n'a jamais pu s'en fervir comme on fe fert
des Nègres : il n'y a rien qu'ils ne
foient capables de faire pour fe re-
mettre en liberté ; & , lorfqu'ils
voient que cela leur eft impoffible,
ils aiment mieux fe laiffer mourir de
faim & de mélancolie, que de vivre
pour travailler.

Les femmes fauvages font toutes
plus petites que les hommes : celles
des Caraïbes font graffes & affez bien
faites ; elles ont les yeux & les cheveux noirs, le tour du vifage rond,
la bouche petite, les dents fort blanches, l'air plus gai , plus riant &
plus ouvert que les hommes ; elles
ont cependant de la modeftie, &
font affez réfervées. Elles ne portent
qu'un petit tablier, qui eft ordinairement de toile de coton, couverte de
petits grains de verre.

Les peuples qui habitent actuelle-
ment le *Mexique* & la *Nouvelle-Efpa-*

gne, font fi mêlés, qu'à peine trouve-t-on deux vifages qui foient de la même couleur. Il y a, dans la ville de *Mexico*, des Blancs d'Europe, des Indiens du nord & du fud de l'Amérique, des Nègres d'Afrique, des mulâtres, des métis, en forte qu'on y voit des hommes de toutes les nuances de couleurs qui peuvent être entre le blanc & le noir. Les Naturels du pays font fort bruns & de couleur d'olive, bien faits & difpos; ils ont peu de poil, même aux fourcils; ils ont cependant tous les cheveux fort longs & fort noirs.

Les habitans de l'Ifthme de l'Amérique font ordinairement de bonne taille & d'une jolie tournure, ils font actifs & légers à la courfe; les femmes font petites & ramaffées, & n'ont pas la vivacité des hommes : les uns & les autres ont les traits affez réguliers, les cheveux noirs, longs, plats & rudes; & les hommes au-

ſoient de la barbe, s'ils ne ſe la fai-
ſoient arracher : ils ont le teint baſané,
de couleur de cuivre jaune.

On trouve parmi les habitans naturels de l'Iſthme des hommes blancs,
mais ce blanc n'eſt pas celui des Européens, c'eſt plutôt un blanc de lait,
qui approche beaucoup de la couleur du poil d'un cheval blanc : leur
peau eſt auſſi toute couverte, plus
ou moins, d'une eſpèce de duvet
court & blanchâtre, mais qui n'eſt
pas ſi épais ſur les joues & ſur le
front, qu'on ne puiſſe aiſément diſ-
tinguer la peau : leurs ſourcils ſont
d'un blanc de lait, auſſi-bien que
leurs cheveux qui ſont très-beaux.
Ces Indiens, hommes & femmes, ne
ſont pas ſi grands que les autres; &
ce qu'ils ont encore de très-ſingulier,
c'eſt que leurs paupières ſont d'une
figure oblongue, ou plutôt en forme
de croiſſant, dont les pointes tournent en bas : ils ont les yeux ſi foi-

H 4

bles, qu'ils ne voient presque pas en plein jour; ils ne peuvent supporter la lumière du soleil, & ne voient bien qu'à celle de la lune. Ils sont d'une complexion fort délicate, en comparaison des autres Indiens; ils craignent les exercices pénibles; ils dorment pendant le jour, & ne sortent que la nuit.

Les Indiens du Pérou, ceux qui habitent le long de la rivière des Amazones & le continent de la Guyane, sont aussi couleur de cuivre, comme ceux de l'Isthme, surtout ceux qui habitent les bords de la mer & les terres basses; car ceux qui demeurent dans les pays élevés, comme entre les deux chaînes des Cordillères, sont presque aussi blancs que les Européens. Quelques-uns de ces Sauvages, comme les *Omaguas*, applatissent le visage de leurs enfans, en leur serrant la tête entre deux planches. Je ne dirai rien de ces

Amazones dont on a tant parlé, on
peut confulter, à ce fujet, ceux qui
en ont écrit ; & , après les avoir lus,
on n'y trouvera rien d'affez pofitif
pour conftater l'exiftence actuelle de
ces femmes.

Les Sauvages du Bréfil font à peu
près de la taille des Européens , mais
plus forts, plus robuftes & plus difpos : ils ne font pas fujets à tant de
maladies, & ils vivent communément plus long-temps. Les mères
écrafent le nez de leurs enfans peu
de temps après la naiffance; ils vont
tous abfolument nus , & fe peignent
le corps de différentes couleurs. Ceux
qui habitent dans les terres voifines
des côtes de la mer, fe font un peu
civilifés par le commerce volontaire,
ou forcé, qu'ils ont avec les Portugais ; mais ceux de l'intérieur des
terres font encore , pour la plupart,
abfolument fauvages : ce n'eft pas
même par la force, & en voulant les

réduire à un dur esclavage, qu'on vient à bout de les policer. Les missions ont formé plus d'hommes, dans ces nations barbares, que les armées victorieuses des Princes qui les ont subjuguées. Le Paraguai n'a été conquis que de cette façon : la douceur, le bon exemple, la charité & l'exercice de la vertu, constamment pratiqués par les Missionnaires, ont touché ces Sauvages, & vaincu leur défiance & leur férocité; ils sont venus souvent d'eux-mêmes demander à connoître la loi qui rendoit les hommes si parfaits, ils se sont soumis à cette loi & réunis en société. Rien ne fait plus d'honneur à la Religion, que d'avoir civilisé ces nations & jeté les fondemens d'un Empire, sans autres armes que celles de la vertu. Les habitans de cette contrée du *Paraguai* ont communément la taille assez belle, & assez élevée : ils ont le visage un peu long, & la couleur olivâtre.

Les Indiens du Chili font d'une couleur bafanée, qui tire un peu fur celle du cuivre rouge. Ils ont les membres gros, le vifage peu agréable & fans barbe, les oreilles longues : la plupart vont nus, quoique le climat foit froid ; ils portent feulement fur leurs épaules quelques peaux d'animaux. C'eft à l'extrêmité du Chili, vers les terres Magellaniques, que fe trouve, à ce qu'on prétend, une race d'hommes dont la taille eft gigantefque. Comme les relations, qui parlent de ces géans appellés *Patagons*, font remplies d'exagérations fur d'autres chofes, on peut encore douter qu'ils exiftent en effet, fur-tout lorfqu'on leur fuppofera dix pieds de hauteur ; car le volume du corps d'un tel homme feroit huit fois plus confidérable que celui d'un homme ordinaire : il femble que la hauteur ordinaire des hommes étant

de cinq pieds, les limites ne s'étendent guère qu'à un pied au deſſus &
au deſſous. Au reſte, ſi ces géans des
terres Magellaniques exiſtent, ils ſont
en fort petit nombre ; car les habitans
des terres du détroit & des iſles voiſines ſont des Sauvages d'une taille
médiocre, ils reſſemblent par la couleur & les cheveux aux autres Américains.

Il n'y a donc, pour ainſi dire, dans
tout le nouveau continent, qu'une
ſeule & même race d'hommes, qui
tous ſont plus ou moins baſanés ; &,
à l'exception du nord de l'Amérique,
où il ſe trouve des hommes ſemblables aux Lappons, & auſſi quelques
hommes à cheveux blonds, ſemblables aux Européens du nord, tout le
reſte de cette vaſte partie du Monde
ne contient que des hommes parmi
leſquels il n'y a preſque aucune di-
verſité : au lieu que, dans l'ancien
continent, nous avons trouvé une

prodigieuse variété dans les différens
peuples. Il me paroît que la raison de
cette uniformité dans les hommes de
l'Amérique, vient de ce qu'ils vivent
tous de la même façon : tous les Américains naturels étoient, ou sont encore, sauvages ou presque sauvages ;
les Mexicains & les Péruviens étoient
si nouvellement policés, qu'ils ne
doivent pas faire une exception.
Quelle que soit donc l'origine de ces
nations sauvages, elle paroît leur être
commune à toutes : tous les Américains sortent d'une même souche, &
ils ont conservé jusqu'à présent les
caractères de leur race sans grande
variation, parce qu'ils sont tous demeurés sauvages, qu'ils ont vécu tous
à peu près de la même façon, que
leur climat n'est pas à beaucoup près
aussi inégal, pour le froid & pour
le chaud, que celui de l'ancien continent ; & qu'étant nouvellement éta-
blis dans leur pays, les causes, qui

produifent des variétés, n'ont pu agir
affez long-temps pour opérer des effets bien fenfibles.

Les Américains font des peuples
nouveaux : il me femble qu'on ne
peut pas en douter, lorfqu'on fait
attention à leur petit nombre, à leur
ignorance, & au peu de progrès que
les plus civilifés d'entr'eux avoient
fait dans les Arts. Il ne refte prefque
point de monumens de la prétendue
grandeur des Mexicains, des Péruviens : ceux - ci ne comptoient que
douze Rois, dont le premier avoit
commencé à les civilifer ; ainfi il n'y
avoit pas trois cents ans qu'ils avoient
ceffé d'être, comme les autres, entièrement fauvages. La facilité, avec
laquelle on s'eft emparé de l'Amérique, me paroît prouver qu'elle étoit
très-peu peuplée (*a*) : car quelque

______

(*a*) Et par conféquent nouvellement habitée.

avantage que la poudre à canon pût donner aux Européens, ils n'auroient jamais subjugué ces peuples , s'ils eussent été nombreux. Une preuve de ce que j'avance, c'est qu'on n'a jamais pu conquérir le pays des Nègres, ni les assujettir, quoique les effets de la poudre fussent aussi nouveaux & aussi terribles pour eux que pour les Américains.

Causes des variétés dans la couleur & la forme des hommes.

La chaleur du climat est la principale cause de la couleur noire : lorsque cette chaleur est excessive , comme au Sénégal & en Guinée, les hommes sont tout-a-fait noirs ; lorsqu'elle est un peu moins forte, comme sur les côtes orientales de l'Afrique, les hommes sont moins noirs ; lorsqu'elle commence à devenir un peu plus tempérée, comme en Barbarie, au Mogol, en Arabie, &c.,

les hommes ne font que bruns; &
enfin, lorfqu'elle eft tout-à-fait tempérée, comme en Europe & en Afie,
les hommes font blancs. On y remarque feulement quelques variétés, qui
ne viennent que de la manière de
vivre: par exemple, tous les Tartares
font bafanés, tandis que les peuples
d'Europe, qui font fous la même latitude, font blancs. On doit attribuer
cette différence à ce que les Tartares
font toujours expofés à l'air, qu'ils
n'ont ni villes, ni demeures fixes;
qu'ils couchent fur la terre, qu'ils vivent d'une manière dure & fauvage:
cela feul fuffit pour qu'ils foient
moins blancs que les peuples de l'Europe, auxquels il ne manque rien de
tout ce qui peut rendre la vie douce.
Pourquoi les Chinois font-ils plus
blancs que les Tartares, auxquels ils
reffemblent d'ailleurs par tous les
traits du vifage ? C'eft parce qu'ils
habitent dans des villes, parce qu'ils

font policés, parce qu'ils ont tous les moyens de fe garantir des injures de l'air & de la terre, & que les Tartares y font perpétuellement expofés.

Mais lorfque le froid devient extrême, il produit quelques effets femblables à ceux de la chaleur exceffive. Les Samoïedes, les Lappons, les Groënlandois font fort bafanés : on affure même qu'il fe trouve, parmi les Groënlandois, des hommes auffi noirs que ceux d'Afrique. Les deux extrêmes, comme l'on voit, fe rapprochent encore ici : un froid très-vif & une chaleur brûlante produifent le même effet fur la peau, parce que l'une & l'autre de ces deux caufes agiffent par une qualité qui leur eft commune. Cette qualité eft la féchereffe qui, dans un air très-froid, peut être auffi grande que dans un air chaud : le froid comme le chaud doit deffécher la peau, l'altérer, & lui donner cette couleur.

baſanée que l'on trouve dans les Lappons. Le froid reſſerre, rapetiſſe,
& réduit à un moindre volume toutes les productions de la Nature :
auſſi les Lappons, qui ſont perpétuellement expoſés à la rigueur du
plus grand froid, ſont les plus petits
de tous les hommes.

Le climat le plus tempéré eſt depuis le quarantième degré juſqu'au
cinquantième. C'eſt auſſi ſous cette
zone que ſe trouvent les hommes les
plus beaux & les mieux faits ; c'eſt
ſous ce climat qu'on doit prendre l'i-
dée de la vraie couleur naturelle de
l'homme ; c'eſt là où l'on doit prendre le modèle, ou l'unité à laquelle
il faut rapporter toutes les autres
nuances de couleur & de beauté :
les deux extrêmes ſont également éloignés du vrai & du beau.

On peut donc regarder le climat
comme la cauſe première & preſque
unique de la couleur des hommes ;

mais la nourriture, qui fait à la couleur beaucoup moins que le climat,
fait beaucoup à la forme. Des nour-
ritures grossières, mal saines, ou mal
préparées, peuvent faire dégénérer
l'espèce humaine : tous les peuples
qui vivent misérablement sont laids
& mal faits. Chez nous, les gens de
la campagne sont plus laids que ceux
des villes ; & j'ai souvent remarqué
que dans les villages où la pauvreté
est moins grande que dans les autres
villages voisins, les hommes y sont
aussi mieux faits, & les visages moins
laids. L'air & la terre influent beaucoup sur la forme des hommes, des
animaux, des plantes : qu'on exa-
mine, dans le même canton, les hommes qui habitent les terres élevées,
comme les côteaux ou le dessus des
collines, & qu'on les compare avec
ceux qui occupent le milieu des vallées voisines, on trouvera que les
premiers sont agiles, dispos, bien

faits, spirituels, & que les femmes
y sont communément jolies ; au lieu
que dans le plat pays, où la terre est
grasse, l'air épais, & l'eau moins
pure, les paysans sont grossiers, pe-
sans, mal faits, stupides, & les pay-
sannes presque toutes laides.

De tout ce qu'on vient de dire,
on peut conclure que le genre humain n'est pas composé d'espèces
essentiellement différentes entr'elles ;
qu'au contraire il n'y a eu originairement qu'une seule espèce d'hommes,
qui, s'étant multipliée & répandue
sur toute la surface de la terre, a subi
divers changemens, par la différence
du climat, par celle de la nourriture,
& par celle des mœurs & des usages.

XXI.

Empire de l'Homme sur les Animaux.

L'EMPIRE de l'homme sur les
animaux est un empire légitime

qu'aucune révolution ne peut détruire, c'eſt l'empire de l'eſprit ſur
la matière ; c'eſt non-ſeulement un
droit de nature, un pouvoir fondé
ſur des loix inaltérables, mais c'eſt
encore un don de Dieu, par lequel
l'homme peut reconnoître à tout
inſtant l'excellence de ſon être. Car
ce n'eſt pas parce qu'il eſt le plus parfait, le plus fort, ou le plus adroit
des animaux, qu'il leur commande :
s'il n'étoit que le premier du même
ordre, les ſeconds ſe réuniroient pour
lui diſputer l'empire ; mais c'eſt par
ſupériorité de nature que l'homme
règne & commande, il penſe, &
dès-lors il eſt maître des êtres qui ne
penſent point.

Cependant, parmi les animaux,
les uns paroiſſent être plus ou moins
familiers, plus ou moins ſauvages,
plus ou moins doux, plus ou moins
féroces : que l'on compare la docilité
& la ſoumiſſion du chien avec la

fierté & la férocité du tigre, l'un paroît être l'ami de l'homme, & l'autre fon ennemi. Son empire fur les animaux n'eft donc pas abfolu : combien d'efpèces favent fe fouftraire à fa puiffance par la rapidité de leur vol, par la légèreté de leur courfe, par l'obfcurité de leur retraite, par la diftance que met, entre eux & l'homme, l'élément qu'ils habitent ? Combien d'autres efpèces lui échappent par leur feule petiteffe ? Et enfin, combien y en a-t-il qui, bien loin de reconnoître leur Souverain, l'attaquent à force ouverte ? Sans parler de ces infectes qui femblent l'infulter par leurs piqûres, de ces ferpens dont la morfure porte le poifon & la mort, & de tant d'autres bêtes immondes, incommodes, inutiles, qui femblent n'exifter que pour former la nuance entre le mal & le bien, & faire fentir à l'homme combien, depuis fa chûte, il eft peu refpecté !

C'est qu'il faut distinguer l'empire de Dieu, du domaine de l'homme : Dieu, créateur des êtres, est seul maître de la Nature ; l'homme ne peut rien sur le produit de la création : tout se passe, se suit, se succède, se renouvelle, & se meut par une puissance irrésistible. L'homme, entraîné lui-même par le torrent des temps, ne peut rien pour sa propre durée ; lié par son corps à la matière, enveloppé dans le tourbillon des êtres, il est forcé de subir la loi commune, il obéit à la même puissance, &, comme tout le reste, il naît, croît & périt.

Mais le rayon divin dont l'homme est animé, l'ennoblit & l'élève au dessus de tous les êtres matériels : cette substance spirituelle, loin d'être sujette à la matière, a le droit de la faire obéir ; &, quoiqu'elle ne puisse pas commander à la Nature entière, elle domine sur les êtres particuliers. Dieu, source unique de

toute lumière & de toute intelligence, régit l'Univers & les efpèces
entières avec une puiffance infinie :
l'homme, qui n'a qu'un rayon de
cette intelligence, n'a de même qu'u-
ne puiffance limitée à de petites portions de matière, & n'eft maître que
des individus.

C'eft donc par les talens de l'efprit, & non par la force & par les
autres qualités de la matière, que
l'homme a fu fubjuguer les animaux.
Dans les premiers temps, ils de-
voient être tous également indépendans : l'homme, devenu criminel &
féroce, étoit peu propre à les appri-
voifer; il a fallu du temps pour les
approcher, pour les reconnoître,
pour les choifir, pour les dompter;
il a fallu qu'il fût civilifé lui-même
pour favoir inftruire & commander,
& l'empire fur les animaux, comme
tous les autres empires, n'a été fondé
que fur la fociété.

C'eft

C'eſt d'elle que l'homme tient ſa puiſſance, c'eſt par elle qu'il a perfectionné ſa raiſon, exercé ſon eſprit, & réuni ſes forces. Auparavant, l'homme étoit peut-être l'animal le plus ſauvage, & le moins redoutable de tous : nu, ſans armes & ſans abri, la terre n'étoit pour lui qu'un vaſte déſert peuplé de monſtres, dont ſouvent il devenoit la proie ; & même, long-temps après, l'Hiſtoire nous dit que les premiers Héros n'ont été que des deſtructeurs de bêtes. Mais lorſqu'avec le temps l'eſpèce humaine s'eſt étendue, multipliée, répandue, & qu'à la faveur des Arts & de la ſociété, l'homme a pu marcher en force pour conquérir l'Univers, il a fait reculer peu-à-peu les bêtes féroces, il a purgé la terre de ces animaux giganteſques dont nous trouvons encore les oſſemens énormes, il a détruit ou réduit à un petit nombre d'individus les eſpèces voraces

& nuisibles, il a opposé les animaux aux animaux; &, subjuguant les uns par adresse, domptant les autres par la force, ou les écartant par le nombre, & les attaquant tous par des moyens raisonnés, il est parvenu à se mettre en sûreté, & à établir un empire qui n'est borné que par les lieux inaccessibles, les solitudes reculées, les sables brûlans, les montagnes glacées, les cavernes obscures, qui servent de retraites au petit nombre d'espèces d'animaux indomptables.

XXII.

Le Cheval.

LA plus noble conquête que l'homme ait jamais faite, est celle de ce fier & fougueux animal, qui partage avec lui les fatigues de la guerre & la gloire des combats. Aussi intrépide que son maître, le cheval voit le péril & l'affronte; il se fait au bruit des

armes, il l'aime, il le cherche, &
s'anime de la même ardeur : il partage aussi ses plaisirs à la chasse, aux
tournois, à la course, il brille, il
étincelle ; mais docile autant que courageux, il ne se laisse point emporter
à son feu, il sait réprimer ses mouvemens : non-seulement il fléchit sous
la main de celui qui le guide, mais
il semble consulter ses desirs ; & ,
obéissant toujours aux impressions
qu'il en reçoit, il se précipite, se
modère ou s'arrête, & n'agit que
pour y satisfaire. C'est une créature
qui renonce à son être pour n'exister
que par la volonté d'un autre, qui
fait même la prévenir ; qui, par la
promptitude & la précision de ses
mouvemens, l'exprime & l'exécute ;
qui sent autant qu'on le desire, & ne
rend qu'autant qu'on veut ; qui, se
livrant sans réserve, ne se refuse à
rien, sert de toutes ses forces, s'excède,
& même meurt pour mieux obéir.

I 2

Voilà le cheval dont l'art a perfectionné les qualités naturelles, qui, dès le premier âge, a été dreſſé au ſervice de l'homme. Diſons mieux : voilà le cheval réduit en ſervitude. La Nature eſt plus belle que l'art, &, dans un être animé, la liberté des mouvemens fait la belle Nature. Voyez ces chevaux qui ſe ſont multipliés dans les contrées de l'Amérique Eſpagnole, & qui vivent en chevaux libres ; leur démarche, leur courſe, leurs ſauts, ne ſont ni gênés, ni meſurés ; fiers de leur indépendance, ils fuient la préſence de l'homme, ils dédaignent ſes ſoins, ils cherchent & trouvent eux-mêmes la nourriture qui leur convient ; ils errent, ils bondiſſent en liberté dans des prairies immenſes, où ils cueillent les productions nouvelles d'un printemps toujours nouveau.

Le naturel de ces animaux n'eſt point féroce, ils ſont ſeulement fiers

& sauvages; quoique supérieurs par la force à la plupart des autres animaux, jamais ils ne les attaquent, &, s'ils en sont attaqués, ils les dédaignent, les écartent, ou les écrasent : ils vont aussi par troupes, & se réunissent pour le seul plaisir d'être ensemble ; car ils n'ont aucune crainte ; mais ils prennent de l'attachement les uns pour les autres. Ils ont les mœurs douces & les qualités sociales : leur force & leur ardeur ne se marquent ordinairement que par des signes d'émulation ; ils cherchent à se devancer à la course, à se faire & même à s'animer au péril en se défiant à traverser une rivière, sauter un fossé ; & ceux qui, dans ces exercices naturels, donnent l'exemple, ceux qui d'eux-mêmes vont les premiers, sont les plus généreux, les meilleurs, & souvent les plus dociles & les plus souples, lorsqu'ils sont une fois domptés.

Le cheval est de tous les animaux

celui qui, avec une grande taille, a le plus de proportion & d'élégance dans les parties de son corps : la régularité des proportions de sa tête lui donne un air de légèreté qui est bien soutenu par la beauté de son encolure. Il semble vouloir se mettre au dessus de son état de quadrupède, en élevant sa tête : dans cette noble attitude, il regarde l'homme face à face ; ses yeux sont vifs & bien ouverts, ses oreilles sont bien faites & d'une juste grandeur ; sa crinière accompagne bien sa tête, orne son cou, & lui donne un air de force & de fierté ; sa queue traînante & touffue couvre & termine avantageusement l'extrêmité de son corps.

XXIII.

L' A N E.

L'ANE eſt un âne, & n'eſt point (a)
un cheval dégénéré, un cheval à
queue nue ; il n'eſt ni étranger, ni
intrus, ni bâtard ; il a, comme tous
les autres animaux, ſa famille, ſon
eſpèce & ſon rang ; ſon ſang eſt pur,
& quoique ſa nobleſſe ſoit moins illuſtre, elle eſt toute auſſi bonne,
toute auſſi ancienne que celle du
cheval. Pourquoi donc tant de mépris pour cet animal ſi bon, ſi pa-

____

(a) Si l'on admet une fois que l'âne
ſoit de la famille du cheval, on pourra
dire également que le ſinge eſt de la famille de l'homme, & que même tous
les animaux ſont venus d'un ſeul animal,
qui, dans la ſucceſſion des temps, a
produit, en ſe perfectionnant & en dé-
générant, toutes les races des autres
animaux.

tient, si sobre, si utile ? Les hommes
mépriseroient-ils, jusques dans les
animaux, ceux qui les servent trop
bien & à trop peu de frais ? On donne
au cheval de l'éducation, on le soi-
gne, on l'instruit, on l'exerce, tandis
que l'âne, abandonné à la grossièreté
du dernier des valets, ou à la malice
des enfans, bien-loin d'acquérir, ne
peut que perdre par son éducation ;
& , s'il n'avoit pas un grand fonds
de bonnes qualités, il les perdroit en
effet par la manière dont on le traite :
il est le jouet, le plastron, le bardeau
des rustres qui le conduisent le bâton
à la main, qui le frappent, le sur-
chargent , l'excèdent sans précaution , sans ménagement. On ne fait
pas attention que l'âne seroit par lui-
même , & pour nous le premier, le
plus beau, le mieux fait, le plus dis-
tingué des animaux, si, dans le monde , il n'y avoit point de cheval : il
est le second au lieu d'être le pre-

mier, & par cela feul il femble n'ê-
tre plus rien. C'eft la comparaifon
qui le dégrade. On le regarde, on le
juge non pas en lui-même, mais relativement au cheval : ou oublie qu'il
eft âne, qu'il a toutes les qualités de
fa nature, tous les dons attachés à
fon efpèce ; & on ne penfe qu'à la
figure & aux qualités du cheval qui
lui manquent, & qu'il ne doit pas
avoir.

Il eft, de fon naturel, auffi hum-
ble, auffi patient, auffi tranquille,
que le cheval eft fier, ardent, impétueux ; il fouffre avec conftance,
& peut-être avec courage, les châtimens & les coups : il eft fobre, & fur
la quantité, & fur la qualité de la
nourriture ; il eft fort délicat fur l'eau,
il ne veut boire que de la plus claire,
& aux ruiffeaux qui lui font connus :
il boit auffi fobrement qu'il mange,
& n'enfonce point du tout fon nez
dans l'eau, par la peur que lui fait,

dit-on , l'ombre de ſes oreilles (*a*). Comme l'on ne prend pas la peine de l'étriller , il ſe roule ſouvent ſur le gazon , ſur les chardons , ſur la fougère , & ſemble par-là reprocher à ſon maître le peu de ſoin qu'on prend de lui ; car il ne ſe vautre pas , comme le cheval , dans la fange & & dans l'eau , il craint même de ſe mouiller les pieds , & ſe détourne pour éviter la boue : auſſi a-t-il la jambe plus ſèche & plus nette que le cheval. Il eſt ſuſceptible d'éducation , & l'on en a vu d'aſſez bien dreſſés pour faire curioſité de ſpectacle.

(*a*) C'eſt une fauſſe obſervation de Cadran : (*de ſubtilitate , lib.* 10 , *p. 386.*)

XXIV.

LE BŒUF.

LE bœuf est, pour l'homme, d'une plus grande utilité que le cheval & l'âne. Il nous sert & nous nourrit tout à la fois : il fait plus, il améliore le fonds sur lequel il vit, & engraisse son pâturage. C'est sur lui que roulent tous les travaux de la campagne : il est le domestique le plus utile de la ferme, le soutien du ménage champêtre ; il fait toute la force de l'agriculture. Autrefois il faisoit toute la richesse des hommes, & aujourd'hui il est encore la base de l'opulence des Etats, qui ne peuvent se soutenir & fleurir que par la culture des terres & par l'abondance du bétail, puisque ce sont les seuls biens réels, tous les autres, & même l'or & l'argent, n'étant que des biens arbitraires, des monnoies de crédit, qui n'ont de valeur qu'autant que le produit de la terre leur en donne.

Le bœuf ne convient pas autant que le cheval & l'âne, pour porter des fardeaux : la forme de son dos & de ses reins le démontre ; mais la grosseur de son cou & la largeur de ses épaules indiquent assez qu'il est propre à tirer & à porter le joug. C'est aussi de cette manière qu'il tire le plus avantageusement ; & il est singulier que cet usage ne soit pas général, & que, dans des provinces entières, on l'oblige à tirer par les cornes. Il semble avoir été fait exprès pour la charrue. La masse de son corps, la lenteur de ses mouvemens, le peu de hauteur de ses jambes, tout, jusqu'à sa tranquillité & sa patience dans le travail, semble concourir à le rendre propre à la culture des champs, & plus capable qu'aucun autre de vaincre la résistance constante, & toujours nouvelle, que la terre oppofe à fes efforts.

Dans les efpèces d'animaux où la multiplication eft l'objet principal, la femelle eft plus néceffaire, plus utile que le mâle. Le produit de la vache eft un bien qui croît, & qui fe renouvelle à chaque inftant ; la chair du veau eft une nourriture auffi abondante que faine & délicate ; le lait eft l'aliment des enfans ; le beurre, l'affaifonnement de la plupart de nos mets ; le fromage, la nourriture la plus ordinaire des habitans de la campagne. Que de pauvres familles font aujourd'hui réduites à vivre de leur vache ! Ces mêmes hommes qui tous les jours, du matin au foir, gémiffent dans le travail & font courbés fur la charrue, ne tirent de la terre que du pain noir, & font obligés de céder à d'autres la fleur, la fubftance de leur grain ; c'eft par eux & ce n'eft pas pour eux que les moiffons font abondantes. Ces mêmes hommes qui

élèvent, qui multiplient le bétail,
qui le foignent & s'en occupent perpétuellement, n'ofent jouir du fruit
de leurs travaux : la chair de ce bétail
eft une nourriture dont ils font forcés
de s'interdire l'ufage, réduits par la
néceffité de leur condition, c'eft-à-
dire, par la dureté des autres hommes, à vivre, comme les chevaux,
d'orge & d'avoine, ou de légumes
groffiers, & de lait aigre.

XXV.

LA Chèvre et la Brebis.

L A chèvre a de fa nature plus de
fentiment & de reffource que la brebis : elle vient à l'homme volontiers,
elle fe familiarife aifément, elle eft
fenfible aux careffes, & capable d'attachement ; elle eft auffi plus forte,
plus légère, plus agile, & moins ti-
mide que la brebis ; elle eft vive,

capricieuſe, laſcive & vagabonde.
Ce n'eſt qu'avec peine qu'on la conduit, & qu'on peut la réduire en
troupeau; elle aime à s'écarter dans
les ſolitudes, à grimper ſur les lieux
eſcarpés, à ſe placer, & même à
dormir ſur la pointe des rochers &
ſur le bord des précipices; elle cherche le mâle avec empreſſement; elle
s'accouple avec ardeur, & produit
de très-bonne heure; elle eſt robuſte,
aiſée à nourrir; preſque toutes les
herbes lui ſont bonnes, & il y en a
peu qui l'incommodent. Le tempérament, qui, dans tous les animaux,
influe beaucoup ſur le naturel, ne
paroît cependant pas, dans la chèvre, différer eſſentiellement de celui de la brebis. Ces deux eſpèces d'a-
nimaux, dont l'organiſation intérieure eſt preſque entièrement ſemblable, ſe nourriſſent, croiſſent, &
multiplient de la même manière, &
ſe reſſemblent encore par le caractère

des maladies, qui font les mêmes ;
à l'exception de quelques-unes auxquelles la chèvre n'eft pas fujette. Elle
ne craint pas, comme la brebis, la
trop grande chaleur ; elle dort au foleil, & s'expofe volontiers à fes
rayons les plus vifs, fans en être in-
commodée, & fans que cette ardeur
lui caufe ni étourdiffement, ni verti-
ges ; elle ne s'effraie point des orages,
ne s'impatiente pas à la pluie, mais
elle paroît être fenfible à la rigueur
du froid. Les mouvemens extérieurs,
lefquels, comme nous l'avons dit,
dépendent beaucoup moins de la conformation du corps, que de la force
& de la variété des fenfations relatives à l'appétit & au defir, font, par
cette raifon, beaucoup moins mefu-
rés, beaucoup plus vifs dans la chèvre que dans la brebis. L'inconftance
de fon naturel fe marque par l'irré-
gularité de fes actions ; elle marche,
elle s'arrête, elle court, elle bondit,

elle saute, s'approche, s'éloigne, se
montre, se cache, ou fuit comme
par caprice, & sans autre cause dé-
terminante que celle de la vivacité
bizarre de son sens intérieur ; &
toute la souplesse des organes, tout
le nerf du corps, suffisent à peine à la
pétulance & à la rapidité de ces
mouvemens qui lui sont naturels.

XXVI.

LE CHIEN.

LE chien, indépendamment de la
beauté de sa forme, de la vivacité,
de la force, de la légèreté, a, par
excellence, toutes les qualités intérieures qui peuvent lui attirer les regards de l'homme. Un naturel ardent,
colère, même féroce & sanguinaire,
rend le chien sauvage redoutable à
tous les animaux, & cède, dans le
chien domestique, aux sentimens les

plus doux, au plaisir de s'attacher, & au desir de plaire. Il vient, en rampant, mettre aux pieds de son Maître, son courage, sa force, ses talens; il attend ses ordres pour en faire usage, il le consulte, il l'interroge, il le supplie, un coup d'œil suffit, il entend les signes de sa volonté. Sans avoir, comme l'homme, la lumière de la pensée, il a toute la chaleur du sentiment; il a de plus que lui la fidélité, la constance dans ses affections; nulle ambition, nul intérêt, nul desir de vengeance, nulle crainte que celle de déplaire; il est tout zèle, toute ardeur, & toute obéissance : plus sensible au souvenir des bienfaits qu'à celui des outrages, il ne se rebute pas par les mauvais traitemens, il les subit, les oublie, ou ne s'en souvient que pour s'attacher davantage; loin de s'irriter ou de fuir, il s'expose de lui-même à de nouvelles épreuves, il lèche cette main, inftrument de douleur, qui vient de le frapper, il ne lui oppofe que la plainte, & la défarme enfin par la patience & la foumiffion.

Plus docile que l'homme, plus fouple qu'aucun des animaux, non-feulement le chien s'inftruit en peu de temps, mais même il fe conforme aux mouvemens, aux manières, à toutes les habitudes de ceux qui lui commandent; il prend le ton de la maifon qu'il habite; comme les autres domeftiques, il eft dédaigneux chez les Grands, & ruftre à la campagne. Toujours empreffé pour fon Maître, & prévenant pour fes feuls amis, il ne fait aucune attention aux gens indifférens, & fe déclare contre ceux qui, par état, ne font faits que pour importuner; il les connoît aux vêtemens, à la voix, à leurs geftes, & les empêche d'approcher. Lorfqu'on lui a confié, pendant la nuit, la garde de la maifon, il devient plus

fier, & quelquefois féroce; il veille,
il fait la ronde; il fent de loin les
Etrangers, &, pour peu qu'ils s'arrêtent ou tentent de franchir les barrières, il s'élance, s'oppofe, &, par
des aboiemens réitérés, des efforts &
des cris de colère, il donne l'alarme,
avertit & combat. Auffi furieux contre les hommes de proie que contre
les animaux carnafliers, il fe précipite fur eux, les bleffe, les déchire,
leur ôte ce qu'ils s'efforçoient d'enlever; mais content d'avoir vaincu, il
fe repofe fur les dépouilles, n'y touche pas, même pour fatisfaire fon
appétit, & donne en même temps
des exemples de courage, de tempérance & de fidélité.

On fentira de quelle importance
cette efpèce eft dans l'ordre de la
Nature, en fuppofant un inftant
qu'elle n'eût jamais exifté. Comment
l'homme auroit-il pu, fans le fecours
du chien, conquérir, dompter, ré-

duire en esclavage les autres animaux ? Comment pourroit-il encore aujourd'hui découvrir, chasser, détruire les bêtes sauvages & nuisibles ? Pour se mettre en sûreté & pour se rendre maître de l'Univers vivant, il a fallu commencer par se faire un parti parmi les animaux, se concilier, par douceur & par caresses, ceux qui se sont trouvés capables de s'attacher & d'obéir, afin de les opposer aux autres. Le premier art de l'homme a donc été l'éducation du chien, & le fruit de cet art, la conquête & la possession paisible de la terre.

La plupart des animaux ont plus d'agilité, plus de force, & même plus de courage que l'homme : la Nature les a mieux munis, mieux armés ; ils ont aussi les sens, & sur-tout l'odorat, plus parfaits. Avoir gagné une espèce courageuse & docile comme celle du chien, c'est avoir acquis de nouveaux sens & les facultés qui nous manquent. Les machines, les inſtrumens que nous avons imaginés pour perfectionner nos autres ſens, pour en augmenter l'étendue, n'approchent pas de ces machines toutes faites que la Nature nous préſente, & qui, en ſuppléant à l'imperfection de notre odorat, nous ont fournis de grands & d'éternels moyens de vaincre & de règner : & le chien, fidèle à l'homme, conſervera toujours une portion de l'empire, un degré de ſupériorité ſur les autres animaux ; il leur commande, il règne lui-même à la tête d'un troupeau, il s'y fait mieux entendre que la voix du berger ; la ſûreté, l'ordre & la diſcipline ſont les fruits de ſa vigilance & de ſon activité ; c'eſt un peuple qui lui eſt ſoumis, qu'il conduit, qu'il protège, & contre lequel il n'emploie jamais la force que pour y maintenir la paix. Mais c'eſt ſur-tout à la guerre, c'eſt contre les animaux ennemis ou

indépendans, qu'éclate son courage,
& que son intelligence se déploie
toute entière : les talens naturels se
réunissent ici aux qualités acquises.
Dès que le bruit des armes se fait entendre, dès que le son du cor, ou
la voix du chasseur, a donné le signal
d'une guerre prochaine, brillant d'une
ardeur nouvelle, le chien marque sa
joie par les plus vifs transports, il
annonce, par ses mouvemens & par
ses cris, l'impatience de combattre
& le desir de vaincre : marchant ensuite en silence, il recherche à reconnoître le pays, à découvrir, à
surprendre l'ennemi dans son fort ;
il recherche ses traces, il les suit pas
à pas, &, par des accens différens,
indique le temps, la distance, l'espèce, & même l'âge de celui qu'il
poursuit.

Intimidé, pressé, désespérant de
trouver son salut dans la fuite, l'animal se sert aussi de toutes ses facultés,

il oppofe la rufe à la fagacité : jamais
les reffources de l'inftinct ne furent
plus admirables. Pour faire perdre fa
trace, il va, vient, & revient fur fes
pas ; il fait des bonds, il voudroit fe
détacher de la terre & fupprimer les
efpaces ; il franchit d'un faut les routes, les haies, paffe à la nage les ruiffeaux, les rivières : mais toujours
pourfuivi, & ne pouvant anéantir
fon corps, il cherche à en mettre un
autre à fa place ; il va lui-même troubler le repos d'un voifin plus jeune
& moins expérimenté, le faire le-
ver, marcher, fuir avec lui ; &,
lorfqu'ils ont confondu leurs traces,
lorfqu'il croit l'avoir fubftitué à fa
mauvaife fortune, il le quitte plus
brufquement encore qu'il ne l'a joint,
afin de le rendre feul l'objet & la
victime de l'ennemi trompé. Mais
le chien, par cette fupériorité que
donnent l'exercice & l'éducation,
par cette fineffe de fentiment qui
n'appartient

n'appartient qu'à lui, ne perd pas l'objet de sa poursuite ; il démêle les points communs, délie les nœuds du fil tortueux qui seul peut y conduire ; il voit, de l'odorat, tous les détours du labyrinthe , toutes les fausses routes où l'on a voulu l'égarer ; & , loin d'abandonner l'ennemi pour un indifférent , après avoir triomphé de la ruse , il s'indigne, il redouble d'ardeur, arrive enfin , l'attaque , & , le mettant à mort, étanche , dans le sang , sa soif & sa haine.

L'on peut dire que le chien est le seul animal dont la fidélité soit à l'épreuve ; le seul qui connoisse toujours son maître & les amis de la maison ; le seul qui, lorsqu'il arrive un inconnu , s'en apperçoive ; le seul qui entende son nom, & qui reconnoisse la voix domestique ; le seul qui ne se confie point à lui-même ; le seul qui, lorsqu'il a perdu

ſon maître, & qu'il ne peut le trouver, l'appelle par ſes gémiſſemens ;
le ſeul qui, dans un voyage long
qu'il n'aura fait qu'une fois, ſe ſou-
vienne du chemin & retrouve la
route ; le ſeul, enfin, dont les talens naturels ſoient évidens, & l'éducation toujours heureuſe.

XXVII.

LE CHAT.

LE chat eſt un domeſtique infi-
dèle, qu'on ne garde que par néceſſité, pour l'oppoſer à un autre
ennemi domeſtique encore plus in-
commode, & qu'on ne peut chaſſer.
Car nous ne comptons pas les gens
qui, ayant du goût pour toutes les
bêtes, n'élèvent des chats que pour
s'en amuſer : l'un eſt l'uſage, l'autre
eſt l'abus ; & quoique ces animaux,
ſur-tout quand ils ſont jeunes, aient

de la gentilleſſe, ils ont en même
temps une malice innée, un caractère faux, un naturel pervers, que
l'âge augmente encore, & que l'éducation ne fait que maſquer. De vo-
leurs déterminés, ils deviennent ſeulement, lorſqu'ils ſont bien élevés,
ſouples & flatteurs comme les frip-
pons : ils ont la même adreſſe, la
même ſubtilité, le même goût pour
faire le mal, le même penchant à la
petite rapine ; comme eux ils ſavent
couvrir leur marche, diſſimuler leur
deſſein, épier les occaſions, atten-
dre, choiſir, ſaiſir l'inſtant de faire
leur coup, ſe dérober enſuite au châ-
timent, fuir & demeurer éloignés
juſqu'à ce qu'on les rappelle. Ils prennent aiſément des habitudes de ſociété, mais jamais des mœurs : ils
n'ont que l'apparence de l'attachement ; on le voit à leurs mouvemens
obliques, à leurs yeux équivoques :
ils ne regardent jamais en face la

perſonne aimée ; ſoit défiance ou
fauſſeté , ils prennent des détours
pour en approcher , pour chercher
des careſſes , auxquelles ils ne ſont
ſenſibles que pour le plaiſir qu'elles
leur font. Bien différent de cet animal fidèle , dont tous les ſentimens
ſe rapportent à la perſonne de ſon
maître , le chat paroît ne ſentir que
pour lui, n'aimer que ſous condition,
ne ſe prêter au commerce que pour
en abuſer ; & , par cette convenance
de naturel, il eſt moins incompatible
avec l'homme , qu'avec le chien dans
lequel tout eſt ſincère.

Les jeunes chats ſont gais, vifs ,
jolis, & ſeroient auſſi très-propres à
amuſer les enfans, ſi les coups de
patte n'étoient pas à craindre ; mais
leur badinage , quoique toujours
agréable & léger, n'eſt jamais innocent, & bientôt il ſe tourne en malice habituelle : & comme ils ne peuvent exercer ces talens, avec quelque

avantage, que fur les plus petits animaux, ils fe mettent à l'affût près
d'une cage, ils épient les oifeaux,
les fouris, les rats , & deviennent
d'eux-mêmes, & fans y être dreffés,
plus habiles à la chaffe que les chiens
les mieux inftruits. Leur naturel, ennemi de toute contrainte , les rend
incapables d'une éducation fuivie.

XXVIII.

ANIMAUX SAUVAGES.

AMOUR & liberté, quels bienfaits ! Les animaux que nous appellons fauvages, parce qu'ils ne nous
font pas foumis, ont-ils befoin de
plus pour être heureux ? Ils ont encore l'égalité, ils ne font ni les efclaves, ni les tyrans de leurs femblables;
l'individu n'a pas à craindre, comme
l'homme, tout le refte de fon efpèce :
ils ont entr'eux la paix, & la guerre

ne leur vient que des étrangers, ou
de nous. Ils ont donc raifon de fuir
l'efpèce humaine, de fe dérober à
notre afpect, de s'établir dans les
folitudes éloignées de nos habitations, de fe fervir de toutes les reffources de leur inftinct, pour fe
mettre en sûreté ; & d'employer,
pour fe fouftraire à la puiffance de
l'homme, tous les moyens de liberté
que la Nature leur a fournis, en même temps qu'elle leur a donné le defir de l'indépendance.

LE CERF. Plaifirs de la Chaffe.

Voici l'un de ces animaux inno-
cens, doux & tranquilles, qui ne
femblent être faits que pour embel-
lir, animer la folitude des forêts,
& occuper, loin de nous, les retraites paifibles de ces jardins de la Nature. Sa forme élégante & légère, fa
taille auffi fvelte que bien prife, fes
membres flexibles & nerveux, fa

tête parée plutôt qu'armée d'un bois vivant, & qui, comme la cime des arbres, tous les ans se renouvelle; sa grandeur, sa légèreté, sa force, le distinguent assez des autres habitans des bois : & , comme il est le plus noble d'entr'eux, il ne sert aussi qu'aux plaisirs des plus nobles des hommes; il a, dans tous les temps, occupé le loisir des Héros. L'exercice de la chasse doit succéder aux travaux de la guerre, il doit même les précéder : savoir manier les chevaux & les armes, font des talens communs au Chasseur, au Guerrier. L'habitude au mouvement, à la fatigue ; l'adresse, la légèreté du corps, si nécessaires pour soutenir & même pour seconder le courage, se prennent à la chasse & se portent à la guerre : c'est l'école agréable d'un art nécessaire ; c'est encore le seul amusement qui fasse diversion entière aux affaires, le seul délassement sans mollesse, le feul qui donne un plaifir vif fans langueur, fans mêlange, & fans fa-tiété.

Que peuvent faire de mieux les hommes qui, par état, font fans ceffe fatigués de la préfence des autres hommes ? D'autant plus contraints qu'ils font plus élevés, les Grands ne fentiroient que le poids de la grandeur, & n'exifteroient pas pour les autres, s'ils ne fe déroboient, par inftans, à la foule même des flat-teurs. Pour jouir de foi-même, pour rappeller dans l'ame les affections perfonnelles, les defirs fecrets, ces fentimens intimes mille fois plus précieux que les idées de la gran-deur, ils ont befoin de la folitude : & quelle folitude plus variée, plus animée que celle de la chaffe ? Quel exercice plus fain pour le corps ? Quel repos plus agréable pour l'efprit ?

Il feroit auffi pénible de toujours repréfenter, que de toujours méditer.

L'homme n'eſt pas fait par la Nature
pour la contemplation des choſes
abſtraites ; & de même que s'occuper, ſans relâche, d'études difficiles,
d'affaires épineuſes, mener une vie
ſédentaire, & faire de ſon cabinet le
centre de ſon exiſtence, eſt un état
peu naturel, il ſemble que celui d'une
vie tumultueuſe, agitée, entraînée,
pour ainſi dire, par le mouvement
des autres hommes, & où l'on eſt
obligé de s'obſerver, de ſe contraindre, & de repréſenter continuellement à leurs yeux, eſt une ſituation
encore plus forcée. Quelque idée que
nous voulions avoir de nous-mêmes,
il eſt aiſé de ſentir que repréſenter
n'eſt pas être, & auſſi que nous ſommes moins faits pour penſer que pour
agir, pour raiſonner que pour jouir.
Nos vrais plaiſirs conſiſtent dans le
libre uſage de nous-mêmes : nos vrais
biens ſont ceux de la Nature ; c'eſt le
ciel, c'eſt la terre, ce ſont ces cam-

pagnes, ces plaines, ces forêts dont elle nous offre la jouissance utile, inépuisable. Aussi le goût de la chasse, de la pêche, des jardins, de l'agriculture, est un goût naturel à tous les hommes.

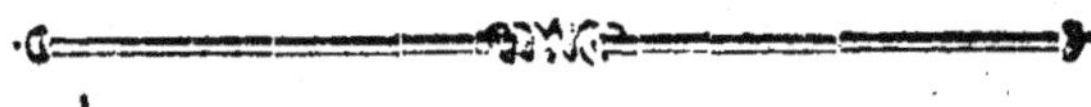

XXIX.

LE RENARD.

LE renard est fameux par ses ruses, & mérite en partie sa réputation : ce que le loup ne fait que par la force, il le fait par adresse, & réussit plus souvent. Sans chercher à combattre les chiens, ni les bergers, sans attaquer les troupeaux, sans traîner les cadavres, il est plus sûr de vivre. Il emploie plus d'esprit que de mouvement; ses ressources semblent être en lui-même : ce sont, comme l'on sait, celles qui manquent le moins. Fin autant que circonspect, ingé-

nieux & prudent, même jusqu'à la
patience, il varie sa conduite, il a
des moyens de réserve qu'il sait n'employer qu'à propos. Il veille de près
à sa conservation : quoiqu'aussi infa-
tigable & même plus léger que le
loup, il ne se fie pas entièrement à la
vîtesse de sa course ; il sait se mettre
en sûreté, en se pratiquant un asyle
où il se retire dans les dangers pres-
sans, où il s'établit, où il élève ses
petits. Il n'est point animal vaga-
bond, mais animal domicilié. Il se
loge au bord des bois, à portée des
hameaux ; il écoute le chant des
coqs & le cri des volailles ; il les
savoure de loin, il prend habilement
son temps, cache son dessein & sa
marche, se glisse, se traîne, arrive,
& fait rarement des tentatives inutiles. S'il peut franchir les clôtures, ou
passer par dessous, il ne perd pas un
instant, il ravage la basse-cour, il y
met tout à mort, se retire ensuite

leftement en emportant fa proie ; qu'il cache fous la mouffe, ou porte à fon terrier : il revient, quelques momens après, en chercher une autre qu'il emporte & cache de même, mais dans un autre endroit ; enfuite une troifième, une quatrième, & jufqu'à ce que le jour, ou le mouvement dans la maifon, l'avertiffe qu'il faut fe retirer & ne plus revenir.

XXX.

LE LOUP.

LE loup eft l'un de ces animaux dont l'appétit, pour la chair, eft le plus véhément ; & quoiqu'avec ce goût il ait reçu de la Nature les moyens de les fatisfaire, qu'elle lui ait donné des armes, de la rufe, de l'agilité, de la force, tout ce qui eft néceffaire, en un mot, pour trouver, attaquer, vaincre, faifir & dévorer fa proie, cependant il meurt fouvent de faim, parce que l'homme lui ayant déclaré la guerre, l'ayant même proscrit en mettant sa tête à prix, le force à fuir, à demeurer dans les bois. Il est naturellement grossier & poltron ; mais il devient ingénieux par besoin, & hardi par nécessité. Pressé par la famine, il brave le danger, vient attaquer les animaux qui sont sous la garde de l'homme, ceux sur-tout qu'il peut emporter aisément, comme les agneaux, &c. ; & lorsque cette maraude lui réussit, il revient souvent à la charge, jusqu'à ce qu'ayant été blessé ou chassé, & maltraité par les hommes & les chiens, il se recèle pendant le jour dans son fort, n'en sort que la nuit, parcourt la campagne, rôde autour des habitations, ravit les animaux abandonnés, vient attaquer les bergeries, gratte & creuse la terre sous les portes, entre furieux, met tout à mort avant de choisir & d'emporter sa proie.

Quoique la forme du loup & du chien ſoit ſemblable, ce qui en réſulte eſt bien contraire : le naturel eſt ſi différent que non-ſeulement ils ſont incompatibles, mais antipathiques par nature, ennemis par inſtinct. Un jeune chien friſſonne au premier aſpect du loup ; il fuit à l'odeur ſeule, qui, quoique nouvelle, inconnue, lui répugne ſi fort, qu'il vient, en tremblant, ſe ranger entre les jambes de ſon maître. Un mâtin qui connoît ſes forces, ſe hériſſe, s'indigne, l'attaque avec courage, tâche de le mettre en fuite, & fait tous ſes efforts pour ſe délivrer d'une préſence qui lui eſt odieuſe. Jamais ils ne ſe rencontrent ſans ſe fuir ou ſans combattre, & combattre à outrance, juſqu'à ce que la mort ſuive. Si le loup eſt le plus fort, il déchire, il dévore ſa proie : le chien, au contraire, plus généreux, ſe contente de la victoire, & ne trouve pas que *le corps d'un ennemi mort fente bon.*

<hr>

XXXI.

LE SINGE comparé à l'Homme.

L'AME, la penfée, la parole, ne dépendent pas de la forme, ou de l'organifation du corps. Rien ne prouve mieux que c'eft un don particulier, & fait à l'homme feul, puifque l'orang-outang, qui ne parle ni ne penfe, a néanmoins le corps, les membres, les fens, le cerveau, & la langue entièrement femblables à l'homme; puifqu'il peut faire ou contrefaire tous· les mouvemens, toutes les actions humaines, & que cependant il ne fait aucun acte de l'homme : c'eft peut-être faute d'éducation, c'eft encore faute d'équité dans votre jugement. Vous comparez, dira-t-on, fort injuftement le finge des bois avec l'homme des vil-

les : c'eſt à côté de l'homme ſauvage,
de l'homme auquel l'éducation n'a
rien tranſmis, qu'il faut le placer
pour les juger l'un & l'autre. Et a-t-on
une idée juſte de l'homme dans l'état
de pure nature ? La tête couverte de
cheveux hériſſés, ou de laine crépue;
la face voilée par une longue barbe,
ſurmontée de deux croiſſans de poils
encore plus groſſiers, qui, par leur
largeur & leur ſaillie, raccourciſſent
le front, & lui font perdre ſon caractère auguſte, & non-ſeulement
mettent les yeux dans l'ombre, mais
les enfoncent & les arrondiſſent comme ceux des animaux; les lèvres épaiſ-
ſes & avancées; le nez applati, le
regard ſtupide ou farouche; les oreilles, le corps & les membres velus;
la peau dure comme un cuir noir ou
tanné; les ongles longs, épais & cro-
chus; une ſemelle calleuſe, en forme
de corne, ſous la plante des pieds : &,
pour attributs du ſexe, des mamelles

longues & molles, la peau du ventre pendante jufques fur les genoux ; les enfans fe vautrant dans l'ordure, & fe traînant à quatre pattes ; le père & la mère affis fur leurs talons, tous hideux, tous couverts d'une craffe empeftée. Et cette efquiffe, tirée d'après le fauvage Hottentot, eft encore un portrait flatté ; car il y a plus loin de l'homme, dans l'état de pure nature, à l'Hottentot, que de l'Hottentot à nous. Chargez donc encore le tableau : fi vous voulez comparer le finge à l'homme, ajoutez-y les rapports d'organifation, les convenances du tempérament, l'appétit véhément des finges mâles pour les femmes, la même conformation dans les parties génitales des deux fexes, l'écoulement périodique dans les femelles, & les mêlanges forcés, ou volontaires, des Négreffes aux finges, dont le produit eft rentré dans l'une ou l'autre efpèce ; & voyez, fuppofé qu'elle ne foit pas la même, combien l'intervalle qui les fépare eft difficile à faifir.

Je l'avoue, fi l'on ne devoit juger que par la forme, l'efpèce du finge pourroit être prife pour une variété dans l'efpèce humaine. Le Créateur n'a pas voulu faire, pour le corps de l'homme, un modèle abfolument différent de celui de l'animal : il a compris fa forme, comme celle de tous les animaux, dans un plan général; mais en même temps qu'il lui a départi cette forme matérielle, femblable à celle du finge, il a pénétré ce corps animal de fon foufle divin. S'il eût fait la même faveur, je ne dis pas au finge, mais à l'efpèce la plus vile, à l'animal qui nous paroît le plus mal organifé, cette efpèce feroit bientôt devenue la rivale de l'homme : vivifiée par l'efprit, elle eût primé fur les autres, elle eût penfé, elle eût parlé : quelque reffemblance qu'il y ait donc entre l'Hottentot & le singe, l'intervalle qui les sépare est immense, puisqu'à l'intérieur il est rempli par la pensée, & au dehors par la parole.

Qui pourra jamais dire en quoi l'organisation d'un imbécille diffère de celle d'un autre homme ! Le défaut est certainement dans les organes matériels, puisque l'imbécille a son ame comme un autre. Or, puisque d'homme à homme, où tout est entièrement conforme & parfaitement semblable, une différence si petite, qu'on ne peut la saisir, suffit pour détruire la pensée, ou l'empêcher de naître, doit-on s'étonner qu'elle ne soit jamais née dans le singe qui n'en a pas le principe ?

Il est donc animal, &, malgré sa ressemblance à l'homme, bien-loin d'être le second de notre espèce, il n'est pas le premier dans l'ordre des animaux, puisqu'il n'est pas le plus

intelligent. C'eſt uniquement ſur ce
rapport de reſſemblance corporelle,
qu'eſt appuyé le préjugé de la grande
opinion qu'on s'eſt formée des facultés du ſinge : l'imitation paroît être le
caractère le plus marqué, l'attribut
le plus frappant de ſon eſpèce, & le
vulgaire le lui accorde comme un talent unique. Il faut, avant de décider, examiner ſi cette imitation eſt
libre ou forcée : le ſinge nous imite-
t-il parce qu'il le veut, ou bien parce
que, ſans le vouloir, il le peut ? J'en
appelle ſur cela volontiers, à tous ceux
qui ont obſervé cet animal ſans pré-
vention ; & je ſuis convaincu qu'ils
diront avec moi, qu'il n'y a rien de
libre, rien de volontaire dans cette
imitation. Le ſinge, ayant des bras &
des mains, s'en ſert comme nous, mais
ſans y ſonger comme nous : la ſimili-
tude des membres & des organes produit néceſſairement des mouvemens,
& quelquefois même des ſuites de

mouvemens qui reſſemblent aux nô-
tres:étant conformé comme l'homme,
le ſinge ne peut que ſe mouvoir comme lui; mais ſe mouvoir de même n'eſt
pas agir pour imiter. Qu'on donne à
deux corps bruts la même impulſion;
qu'on conſtruiſe deux pendules, deux
machines pareilles, elles ſe mouve-
ront de même; & l'on auroit tort de
dire que ces corps bruts, ou ces machines, ne ſe meuvent ainſi que pour
s'imiter. Il en eſt de même du ſinge,
relativement au corps de l'homme:
ce ſont deux machines conſtruites,
organiſées de même, qui, par néceſſité de nature, ſe meuvent à très-
peu près de la même façon. Néanmoins parité n'eſt pas imitation: l'une
gît dans la manière, & l'autre n'e-
xiſte que par l'eſprit; l'imitation ſuppoſe le deſſein d'imiter Le ſinge eſt
incapable de former ce deſſein, qui
demande une ſuite de penſées; &,
par cette raiſon, l'homme peut, s'il

le veut, imiter le singe, & le singe ne peut pas même vouloir imiter l'homme.

. Et cette parité, qui n'est que le physique de l'imitation, n'est pas aussi complet ici que la similitude, dont cependant elle émane comme effet immédiat. Le singe ressemble plus à l'homme par le corps & les membres, que par l'usage qu'il en fait : en observant avec quelque attention, on s'appercevra aisément que tous ses mouvemens sont brusques, intermittens, précipités ; & que, pour les comparer à ceux de l'homme, il faudroit leur supposer une autre échelle, ou plutôt un module différent. Toutes les actions du singe tiennent de son éducation qui est purement animale ; elles nous paroissent ridicules, inconséquentes, extravagantes, parce que nous nous trompons d'échelle en les rapportant à nous, & que l'unité, qui doit leur servir de mesure ;

est très-différente de la nôtre. Comme
sa nature est vive, son tempérament
chaud, son naturel pétulant, qu'aucune de ses affections n'a été mitigée
par l'éducation; toutes ses habitudes
sont excessives, & ressemblent beaucoup plus au mouvement d'un ma-
niaque, qu'aux actions d'un homme,
ou même d'un animal tranquille:
c'est par là même que nous le trouvons indocile, & qu'il reçoit diffici-
lement les habitudes qu'on voudroit
lui transmettre. Il est insensible aux
caresses, & n'obéit qu'aux châtimens:
on peut le tenir en captivité, mais
non pas en domesticité; toujours
triste ou revêche, toujours répugnant,
grimaçant, on le dompte plutôt qu'on
ne le prive. Aussi l'espèce n'a jamais
été domestique nulle part; &, par ce
rapport, il est plus éloigné de l'homme que la plupart des animaux: car la
docilité suppose quelque analogie entre celui qui donne & celui qui reçoit;

c'est une qualité relative, qui ne peut être exercée que lorsqu'il se trouve des deux parts un certain nombre de facultés communes, qui ne diffèrent entr'elles que parce qu'elles sont actives dans le maître, & passives dans le sujet. Or le passif du singe a moins de rapport avec l'actif de l'homme, que le passif du chien, ou de l'éléphant, qu'il suffit de bien traiter pour leur communiquer les sentimens doux, & même délicats, de l'attachement fidèle, de l'obéissance volontaire, du service gratuit, & du dévouement sans réserve.

Le singe est donc plus loin de l'homme, que la plupart des autres animaux, par les qualités relatives : il en diffère aussi beaucoup par le tempérament. L'homme peut habiter tous les climats ; il vit, il multiplie dans ceux du Nord & dans ceux du Midi : le singe a de la peine à vivre dans les contrées tempérées, & ne peut

multiplier

multiplier que dans les pays les plus chauds. Cette différence dans le tempérament en suppose d'autres dans l'organisation, qui, quoique cachées, n'en sont pas moins réelles : elle doit aussi influer beaucoup sur le naturel. L'excès de chaleur, qui est nécessaire à la pleine vie de ce animal, rend excessives toutes ses affections, toutes ses qualités : il ne faut pas chercher une autre cause à sa pétulance, à sa lubricité, & à ses autres passions, qui toutes nous paroissent aussi violentes que désordonnées.

Ainsi ce singe, que les Philosophes, avec le vulgaire, ont regardé comme un être difficile à définir, dont la nature étoit au moins équivoque & moyenne entre celle de l'homme & celle des animaux, n'est, dans la vérité, qu'un pur animal, portant, à l'extérieur, un masque de figure humaine, mais dénué, à l'intérieur, de la pensée & de tout ce qui

L

fait l'homme; un animal au deſſous
de pluſieurs autres par les facultés
relatives.

XXXII.

LES ORANGS-OUTANGS,
ou LE PONGO & LE JOCKO.

N o u s préſentons ces deux animaux enſemble, parce qu'il ſe peut
qu'ils ne faſſent tous deux qu'une
ſeule & même eſpèce. Ce ſont, de
tous les ſinges, ceux qui reſſemblent
le plus à l'homme, ceux qui par conſéquent ſont les plus dignes d'être
obſervés. Nous avons vu le petit
orang-outang, ou le jocko vivant, &
nous en avons conſervé les dépouilles; mais nous ne pouvons parler du
pongo, ou grand orang-outang, que
d'après les relations des Voyageurs.
Si elles étoient fidèles, ſi ſouvent elles n'étoient pas obſcures, fautives,
exagérées, nous ne douterions pas

qu'il ne fût d'une autre efpèce que le
jocko, d'une efpèce plus parfaite &
plus voifine encore de l'efpèce de
l'homme. Bontius, qui étoit Médecin
en chef à Batavia, & qui nous a laiffé
de bonnes obfervations fur l'Hiftoire
Naturelle de cette partie des Indes,
dit expreffément qu'il a vu, avec
admiration, quelques individus de
cette efpèce, marchant debout fur
leurs pieds, &, entr'autres, une femelle (dont il donne la figure) qui
fembloit avoir de la pudeur, qui fe
couvroit de fa main à l'afpect des
hommes qu'elle ne connoiffoit pas,
qui pleuroit, gémiffoit, & faifoit
les autres actions humaines, de manière qu'il fembloit que rien ne lui
manquoit que la parole. M. Linnæus
dit, d'après Kjoep & quelques autres
Voyageurs, que cette faculté même
ne manque pas à l'orang-outang, qu'il
penfe, qu'il parle, & s'exprime en
fifflant: il l'appelle homme nocturne,

& en donne en même temps une defcription , par laquelle il ne feroit
guère poffible de décider fi c'eft un
animal, ou un homme. Seulement
on doit remarquer que cet être, quel
qu'il foit, n'a, felon lui, que la moitié de la hauteur de l'homme ; &
comme Bontius ne fait nulle mention
de la grandeur de fon orang-outang,
on pourroit penfer, avec M. Linnæus, que c'eft le même : mais alors
cet orang-outang de Linnæus & de
Bontius ne feroit pas le véritable, qui
eft de la taille des plus grands hommes. Ce ne feroit pas non plus celui
que nous appellons jocko, & què j'ai
vu vivant ; car quoiqu'il foit de la
taille que M. Linnæus donne au fien,
il en diffère néanmoins par tous les
autres caractères. Je puis affurer,
l'ayant vu plufieurs fois, que non-
feulement il ne parle, ni ne fiffle pour
s'exprimer , mais même qu'il ne fait
rien qu'un chien bien inftruit ne pût

faire ; & d'ailleurs il diffère prefque
en tout de la defcription que M. Linnæus donne de l'orang-outang, & fe
rapporte beaucoup mieux à celle du
fatyrus de ce même Auteur. Je doute
donc beaucoup de la vérité de la defcription de cet homme nocturne : je
doute même de fon exiftence ; & c'eft
probablement un Nègre blanc , un
chacrelas que les Voyageurs, cités par
M. Linnæus, auront mal vu & mal
décrit. Car ces chacrelas ont en effet ,
comme l'homme nocturne de cet Auteur, les cheveux blancs, laineux &
frifés , les yeux rouges, la vue foible ,
&c. ; mais ce font des hommes , &
ces hommes ne fifflent pas, & ne font
pas des pigmées de trente pouces de
hauteur : ils penfent , parlent & agiffent comme les autres hommes, &
font auffi de la même grandeur.

En écartant donc cet être mal décrit, en fuppofant auffi un peu d'éxa-
gération dans le récit de Bontius, un

peu de préjugé dans ce qu'il raconte, de la pudeur de sa femelle orang-outang, il ne nous restera qu'un animal, un singe, dont nous trouvons ailleurs des indications plus précises. Edward Tyson, célèbre Anatomiste Anglois, qui a fait une très-bonne description, tant des parties extérieures qu'intérieures de l'orang-outang, dit qu'il y en a de deux espèces; & que celui qu'il décrit n'est pas si grand que l'autre, appellé *barris*, ou *baris*, par les Voyageurs, & vulgairement *drell* par les Anglois. Ce barris, ou drell, est, en effet, le grand orang-outang des Indes orientales, ou le pongo de Guinée; & le pigmée, décrit par Tyson, est le jocko que nous avons vu vivant. Le philosophe Gassendi ayant avancé, sur le rapport d'un Voyageur, nommé Saint-Amand, qu'il y avoit, dans l'isle de Java, une espèce de créature qui faisoit la nuance entre le singe & l'homme, on n'hésita pas à nier le fait. Pour le prouver, Peiresc produisit une lettre d'un M. Noël (Natalis), Médecin qui demeuroit en Afrique, par laquelle il assure qu'on trouve, en Guinée, de très-grands singes, appellés barris, qui marchent sur deux pieds, qui ont plus de gravité & beaucoup plus d'intelligence que tous les autres singes, & qui sont très-ardens pour les femmes. Darcos, & ensuite Nieremberg & Dapper, disent à-peu-près les mêmes choses du barris. Battel « l'appelle *pongo*, & assure qu'il est, dans toutes ses proportions, semblable à l'homme, seulement qu'il est plus grand ; grand, dit-il, comme un géant ; qu'il a la face comme l'homme, les yeux enfoncés, de longs cheveux aux côtés de la tête, le visage nu & sans poil, aussi bien que les oreilles & les mains ; le corps légèrement velu ; & qu'il ne diffère de l'homme, à l'extérieur, que par les

L 4

jambes, parce qu'il n'a que peu ou point de mollets; que cependant il marche toujours debout; qu'il dort sur les arbres, & se construit une hutte, un abri contre le soleil & la pluie; qu'il vit de fruits, & ne mange point de chair; qu'il ne peut parler, quoiqu'il ait plus d'entendement que les autres animaux; que quand les Nègres font du feu dans les bois, ces pongos viennent s'asseoir autour & se chauffer, mais qu'ils n'ont pas assez d'esprit pour entretenir le feu en y mettant du bois; qu'ils vont de compagnie, & tuent quelquefois des Nègres dans les lieux écartés; qu'ils attaquent même l'éléphant, qu'ils le frappent à coups de bâton, & le chassent de leurs bois; qu'on ne peut prendre ces pongos vivans, parce qu'ils sont si forts, que dix hommes ne suffiroient pas pour en dompter un seul; qu'on ne peut donc attraper que les petits tout jeunes; que la mère

les porte marchant debout, & qu'ils
se tiennent attachés à son corps avec
les mains & les genoux ; qu'il y a
deux espèces de ces singes très-res-
semblans à l'homme, le pongo qui
est aussi grand & plus gros qu'un
homme, & le jocko qui est beaucoup plus petit ». C'est de ce passage,
qui est très-précis, que j'ai tiré les
noms de *pongo* & de *jocko*. Battel dit
encore que, lorsqu'un de ces animaux meurt, les autres couvrent
son corps d'un amas de branches &
de feuillages. Purchass ajoute, en
forme de note, que, dans les conversations qu'il avoit eues avec Battel,
il avoit appris de lui qu'un pongo lui
enleva un petit Nègre, qui passa un
an entier dans la société de ces animaux ; qu'à son retour, ce petit
Nègre avoua qu'ils ne lui avoient
fait aucun mal ; que communément
ils étoient de la hauteur de l'homme,
mais qu'ils sont plus gros, & qu'ils

L 5

ont à-peu-près le double du volume d'un homme ordinaire.

« Les singes de Guinée, dit Bosman, sont de couleur fauve, & deviennent extrêmement grands. J'en ai vu, ajoute-t-il, un, de mes propres yeux, qui avoit cinq pieds de haut. Ces singes ont une assez vilaine figure, aussi bien que ceux d'une seconde espèce qui leur ressemblent en tout, si ce n'est que quatre de ceux-ci seroient à peine aussi gros qu'un de la première espèce. On peut leur apprendre presque tout ce qu'on veut ».

Gauthier Schoutten dit « que les singes, appellés par les Indiens *orangs-outangs*, sont presque de la même figure & de la même grandeur que les hommes, mais qu'ils ont le dos & les reins tout couverts de poil, sans en avoir néanmoins au devant du corps ; que les femelles ont deux grosses mamelles ; que tous ont le visage rude, le nez plat, même enfoncé, les oreilles comme les hommes; qu'ils font robuftes, agiles, hardis, qu'ils fe mettent en défenfe contre les hommes armés; qu'ils font paffionnés pour les femmes, qu'il n'y a point de sûreté pour elles à paffer dans les bois, où elles fe trouvent tout-d'un-coup attaquées & violées par ces finges ». Dampier, Froger & d'autres Voyageurs, affurent qu'ils enlèvent de petites filles de huit ou dix ans, qu'ils les emportent au deffus des ar-bres, & qu'on a mille peines à les leur ôter. Nous pouvons ajouter à tous ces témoignages celui de M. de la Broffe, qui a écrit fon voyage à la côte d'Angole, en 1738, & dont on nous a communiqué l'extrait. Ce Voyageur affure « que les orangs-ou-tangs, qu'il appelle *quimpezés*, tâchent de furprendre des Négreffes; qu'ils les gardent avec eux pour en jouir, qu'ils les nourriffent très-bien.

J'ai connu, dit-il, à Lowango, une Nègresse qui étoit restée trois ans avec ces animaux : ils croissent de six à sept pieds de haut ; ils sont d'une force sans égale, ils cabanent, & se servent de bâtons pour se défendre ; ils ont la face plate, le nez camus & épaté, les oreilles plates sans bourrelet, la peau un peu plus claire que celle d'un mulâtre, un poil long & clair-semé en plusieurs parties du corps, le ventre extrêmement tendu, les talons plats & élevés d'un demi-pouce environ parderrière ; ils marchent sur leurs deux pieds, & sur les quatre, quand ils en ont la fantaisie. Ces animaux, ajoute M. de la Brosse, ont l'instinct de s'asseoir à table comme les hommes ; ils mangent de tout sans distinction ; ils se servent de couteaux, de la cuiller & de la fourchette, pour couper & prendre ce qu'on leur sert sur l'assiette ; ils boivent du vin & d'autres liqueurs.

Nous les portâmes à bord quand ils étoient à table, ils se faisoient entendre des mousses, lorsqu'ils avoient besoin de quelque chose; & quelquefois, quand ces enfans refusoient de leur donner ce qu'ils demandoient, ils se mettoient en colère, leur saisissoient les bras, les mordoient, & les abattoient sous eux. Le mâle fut malade en rade, il se faisoit soigner comme une personne; il fut même saigné deux fois au bras droit : toutes les fois qu'il se trouva depuis incommodé, il montroit son bras pour qu'on le saignât, comme s'il eût su que cela lui avoit fait du bien ».

Gemelli· Careri dit avoir vu un singe qui se plaignoit comme un enfant, qui marchoit sur les deux pieds de derrière, en portant sa natte sous son bras pour se coucher & dormir. Ces singes, ajoute-t-il, paroissent avoir plus d'esprit que les hommes, à certains égards: car, quand ils ne trouvent plus de fruits sur les montagnes, ils vont au bord de la mer, où ils attrapent des crabes, des huîtres, & autres choses semblables. Il y a une espèce d'huîtres qu'on appelle *taelovo*, qui pèsent plusieurs livres, & qui sont souvent ouvertes sur le rivage : or, le singe craignant que, quand il veut les manger, elles ne lui attrapent la patte en se refermant, il jette une pierre dans la coquille, qui l'empêche de se fermer, & ensuite il mange l'huître sans crainte.

« Sur les côtes de la rivière de Gambie, dit Froger, les singes y sont plus gros & plus méchans qu'en aucun endroit de l'Afrique. Les Nègres les craignent, & ils ne peuvent aller seuls dans la campagne, sans courir risque d'être attaqués par ces animaux, qui leur présentent un bâton, & les obligent à se battre. Souvent on les a vu porter, sur les arbres, des enfans de sept à huit ans, qu'on avoit une peine incroyable à leur ôter. La plupart des Nègres croient que c'eſt une nation étrangère qui eſt venue s'établir dans leur pays, & que, s'ils ne parlent pas, c'eſt qu'ils craignent qu'on ne les oblige à travailler ».

L'orang-outang que j'ai vu moi-même, marchoit toujours debout ſur ſes deux pieds, même en portant des choſes lourdes. Son air étoit aſſez triſte, ſa démarche grave, ſes mouvemens meſurés, ſon naturel doux & très-différent de celui des autres ſinges. J'ai vu cet animal préſenter ſa main, pour reconduire les gens qui venoient le viſiter; ſe promener gravement avec eux, & comme de compagnie. Je l'ai vu s'aſſeoir à table, déployer ſa ſerviette, s'en eſſuyer les lèvres, ſe ſervir de la cuiller & de la fourchette pour porter à ſa bouche, verſer lui-même ſa boiſſon dans un verre, le choquer, lorſqu'il y étoit invité; aller prendre une tasse & une soucoupe, l'apporter sur la table, y mettre du sucre, y verser du thé, le laisser refroidir pour le boire, & tout cela sans autre instigation que les signes, ou la parole de son maître, & souvent de lui-même. Il ne faisoit du mal à personne, s'approchoit avec circonspection, & se présentoit comme pour demander des caresses.

J'ai joint mon témoignage à ce que les Voyageurs les moins crédules & les plus véridiques nous disent de l'orang-outang. J'ai cru devoir rapporter leurs passages en entier, parce que tout peut paroître important dans l'histoire d'une bête si ressemblante à l'homme : &, pour qu'on puisse prononcer, avec encore plus de connoissance, sur sa nature, nous allons exposer aussi toutes les différences qui éloignent cette espèce de l'espèce humaine, & toutes les con-

formités qui l'en approchent. Il diffère de l'homme, à l'extérieur, par le
nez qui n'eſt pas prééminent, par le
front qui eſt trop court, par le menton qui n'eſt pas relevé à la baſe; il
a les oreilles proportionnellement trop
grandes, les yeux trop voiſins l'un
de l'autre, l'intervalle entre le nez
& la bouche eſt auſſi trop étendu :
ce ſont là les ſeules différences de la
face de l'orang-ourang avec le viſage
de l'homme. Le corps & les membres diffèrent en ce que les cuiſſes
ſont relativement trop courtes, les
bras trop longs, les pouces trop petits, la paume des mains trop longue
& trop ſerrée, les pieds plutôt faits
comme des mains que comme des
pieds humains : les parties de la génération du mâle ne ſont différentes
de celle de l'homme, qu'en ce qu'il
n'y a point de frein au prépuce; les
parties de la femelle ſont, à l'extérieur,
fort ſemblables à celles de la femme.

A l'intérieur, cette espèce diffère de l'espèce humaine par le nombre des côtes : l'homme n'en a que douze, l'orang-outang en a treize. Il a aussi les vertèbres du cou plus courtes, les os du bassin plus serrés, les hanches plus plates, les orbites des yeux plus enfoncées ; les reins sont plus ronds que ceux de l'homme, & les urétères ont une forme différente, aussi bien que la vessie & les vésicules du fiel qui sont plus étroites & plus longues que dans l'homme : toutes les autres parties du corps, de la tête, & des membres tant extérieurs qu'intérieurs, sont si parfaitement semblables à celles de l'homme, qu'on ne peut les comparer sans admiration, & sans être étonné que d'une conformation si pareille, & d'une organisation qui est absolument la même, il n'en résulte pas les mêmes effets. Par exemple, la langue & tous les organes de la voix sont les mêmes que

dans l'homme, & cependant l'orang-
outang ne parle pas ; le cerveau eſt
abſolument de la même forme & de
la même proportion, & il ne penſe
pas. Y a-t-il une preuve plus évidente
que la matière ſeule, quoique parfaitement organiſée, ne peut produire
ni la penſée, ni la parole qui en eſt le
ſigne, à moins qu'elle ne ſoit animée
par un principe ſupérieur? L'homme
& l'orang-outang ſont les ſeuls qui
aient des ſerres & des mollets, & qui
par conſéquent ſoient faits pour marcher debout ; les ſeuls qui aient la
poitrine large, les épaules applaties,
& les vertèbres conformées l'une
comme l'autre ; les ſeuls dont le
cerveau, le cœur, les poumons, le
foie, la rate, le pancréas, l'eſtomac,
les boyaux ſoient exactement pareils.
Enfin, l'orang-outang reſſemble plus
à l'homme qu'à aucun des animaux,
plus même qu'aux babouins & aux
guenons ; & les Indiens ſont excuſa-

bles de l'avoir associé à l'espèce humaine par le nom d'*orang-outang*, homme sauvage, puisqu'il ressemble à l'homme par le corps, plus qu'il ne ressemble aux autres singes, ou à aucun autre animal.

XXXIII.

LE CASTOR.

Tout le monde convient que le castor, loin d'avoir une supériorité marquée sur les autres animaux, paroît, au contraire, être au dessous de quelques-uns d'entr'eux pour les qualités purement individuelles. Il paroît inférieur au chien, par les qualités relatives qui pourroient l'approcher de l'homme : il ne semble fait ni pour servir, ni pour commander, ni même pour commercer avec une autre espèce que la sienne. Son sens, renfermé dans lui-même, ne se manifeste

en entier qu'avec ſes ſemblables ;
ſeul, il a peu d'induſtrie perſonnelle,
encore moins de ruſes, pas même aſſez de défiance pour éviter les piéges
groſſiers : loin d'attaquer les autres
animaux, il ne ſait pas même ſe bien
défendre ; il préfère la fuite au combat. Si l'on conſidère donc cet animal dans l'état de nature, ou plutôt
dans ſon état de ſolitude & de diſ-
perſion, il ne paroîtra pas, pour les
qualités intérieures, au deſſus des
autres animaux. Il n'a pas plus d'eſprit que le chien, de ſens que l'éléphant, de fineſſe que le renard, &c. ;
il eſt plutôt remarquable par les ſin-
gularités de conformation extérieure,
que par la ſupériorité apparente de
ſes qualités intérieures. Il eſt le ſeul,
parmi les quadrupèdes, qui ait la
queue plate, ovale, & couverte d'é-
cailles, de laquelle il ſe ſert comme
d'un gouvernail pour ſe diriger dans
l'eau ; le ſeul qui ait des nageoires aux

pieds de derrière, & en même temps les doigts féparés dans ceux du devant, qu'il emploie comme des mains pour porter à fa bouche ; le feul qui, reffemblant aux animaux terreftres par les parties antérieures de fon corps, paroiffe en même temps tenir des animaux aquatiques par les parties poftérieures : il fait la nuance des quadrupèdes aux poiffons, comme la chauve-fouris fait celle des quadrupèdes aux oifeaux. Mais ces fingularités feroient plutôt des défauts que des perfections, fi l'animal ne favoit tirer de cette conformation, qui nous paroît bizarre, des avantages uniques, & qui le rendent fupérieur à tous les autres.

Les caftors commencent par s'affembler au mois de juin, ou de juillet, pour fe réunir en fociété ; ils arrivent en nombre & de plufieurs côtés, & forment bientôt une troupe de deux ou trois cents : le lieu du rendez-vous eſt ordinairement le lieu de l'établiſſement, & c'eſt toujours au bord des eaux. Si ce ſont des eaux plates, & qui ſe ſoutiennent à la même hauteur comme dans un lac, ils ſe diſpenſent d'y conſtruire une digue ; mais dans les eaux courantes, & qui ſont ſujettes à hauſſer ou baiſſer, comme ſur les ruiſſeaux, les rivières, ils établiſſent une chauſſée, &, par cette retenue, ils forment une eſpèce d'étang, ou de pièce d'eau, qui ſe ſoutient toujours à la même hauteur : la chauſſée traverſe la rivière comme une écluſe, & va d'un bord à l'autre ; elle a ſouvent quatre-vingt ou cent pieds de longueur, ſur dix ou douze pieds d'épaiſſeur à ſa baſe. Cette conſtruction paroît énorme pour des animaux de cette taille ; mais la ſolidité avec laquelle l'ouvrage eſt conſtruit, étonne encore plus que ſa grandeur. L'endroit de la rivière où ils établiſſent cette digue, est ordinairement peu profond : s'il se trouve, sur le bord, un gros arbre qui puisse tomber dans l'eau, ils commencent par l'abattre, pour en faire la pièce principale de leur construction : cet arbre est souvent plus gros que le corps d'un homme. Ils le scient, ils le rongent au pied, &, sans autre instrument que leurs quatre dents incisives, ils le coupent en assez peu de temps, & le font tomber du côté qu'il leur plaît, c'est-à-dire, en travers de la rivière ; ensuite ils coupent les branches de la cime de cet arbre tombé, pour le mettre de niveau, & le faire porter par-tout également. Ces opérations se font en commun : plusieurs castors rongent ensemble le pied de l'arbre pour l'abattre, plusieurs aussi vont ensemble pour en couper les branches, lorsqu'il est abattu ; d'autres parcourent en même temps les bords de la rivière, & coupent de moindres

arbres,

arbres, les uns gros comme la jambe,
les autres comme la cuisse : ils les dé-
pècent, & les scient à une certaine
hauteur pour en faire des pieux; ils
amènent ces pièces de bois, d'abord
par terre jusqu'au bord de la rivière,
& ensuite par eau jusqu'au lieu de
leur construction ; ils en font une
espèce de pilotis serré, qu'ils enfoncent encore en entrelaçant des branches entre les pieux. Cette opération
suppose bien des difficultés vaincues;
car, pour dresser ces pieux & les
mettre dans une situation à-peu-près
perpendiculaire, il faut qu'avec les
dents ils élèvent le gros bout contre
le bord de la rivière, ou contre l'arbre qui la traverse, que d'autres
plongent en même temps, jusques
au fond de l'eau, pour y creuser,
avec les pieds de devant, un trou,
dans lequel ils font entrer la pointe
du pieu, afin qu'il puisse se tenir debout. A mesure que les uns plantent

M

ainsi leurs pieux, les autres vont chercher de la terre, qu'ils gâchent avec leurs pieds & battent avec leur queue; ils la portent dans leur gueule & avec les pieds de devant, & ils en transportent une si grande quantité, qu'ils en remplissent tous les intervalles de leur pilotis. Ce pilotis est composé de plusieurs rangs de pieux, tous égaux en hauteur, & tous plantés les uns contre les autres; il s'étend d'un bord à l'autre de la rivière; il est rempli & maçonné par-tout : les pieux sont plantés verticalement du côté de la chûte de l'eau; tout l'ouvrage est, au contraire, en talus du côté qui en soutient la charge; en sorte que la chaussée, qui a dix ou douze pieds de largeur à la base, se réduit à deux ou trois pieds d'épaisseur au sommet; elle a donc non-seulement toute l'étendue, toute la solidité nécessaire, mais encore la forme la plus convenable pour re-

tenir l'eau, l'empêcher de paſſer, en
ſoutenir le poids, & en rompre les
efforts. Au haut de la chauſſée, c'eſt-
à-dire, dans la partie où elle a le
moins d'épaiſſeur, ils pratiquent deux
ou trois ouvertures en pente, qui
ſont autant de décharges de ſuperfi-
cie, qu'ils élargiſſent ou retréciſſent
ſelon que la rivière vient à hauſſer
ou baiſſer; & lorſque, par des inon-
dations trop grandes ou trop ſubites,
il ſe fait quelques brèches à leur digue, ils ſavent les réparer, & travaillent de nouveau dès que les eaux
ſont baiſſées.

Les habitations des caſtors ſont des
cabanes, où plutôt des eſpèces de
maiſonnettes bâties dans l'eau ſur un
pilotis plein, tout près du bord de
leur étang, avec deux iſſues; l'une,
pour aller à terre; l'autre, pour ſe
jeter à l'eau. La forme de cet édifice eſt preſque toujours ovale ou
ronde; il y en a de plus grands & de

plus petits, depuis quatre ou cinq jusqu'à huit ou dix pieds de diamètre; il s'en trouve aussi quelquefois qui sont à deux ou trois étages : les murailles ont jusqu'à deux pieds d'épaisseur; elles sont élevées à plomb sur le pilotis plein, qui sert en même temps de fondement & de plancher à la maison. Une voûte, en anse de panier, termine l'édifice, & lui sert de couvert : il est maçonné avec solidité, & enduit avec propreté en dehors & en dedans; il est impénétrable à l'eau des pluies, & résiste aux vents les plus impétueux; les parois en sont revêtues d'une espèce de stuc si bien gâché & si proprement appliqué, qu'il semble que la main de l'homme y ait passé, aussi la queue leur sert-elle de truelle, pour appliquer ce mortier qu'ils gâchent avec leurs pieds. Ils mettent en œuvre différens matériaux, des bois, des pierres & des terres sablonneuses, qui ne font point sujettes à se délayer par l'eau : les bois qu'ils emploient sont presque tous légers & tendres.

Les castors préfèrent l'écorce fraîche & le bois tendre à la plupart des alimens ordinaires ; ils en font une ample provision pour se nourrir pendant l'hiver. C'est dans l'eau, & près de leurs habitations, qu'ils établissent leur magasin : chaque cabane a le sien, proportionné au nombre de ses habitans, qui tous y ont un droit commun, & ne vont jamais piller leurs voisins. On a vu des bourgades composées de vingt ou de vingt-cinq cabanes : ces grands établissemens sont rares, & cette espèce de république est ordinairement moins nombreuse ; elle n'est le plus souvent composée que de dix ou douze tribus, dont chacune a son quartier, son magasin, son habitation séparée : ils ne souffrent pas que des Etrangers viennent s'établir dans leurs enceintes.

M 3

Les plus petites cabanes contiennent
deux, quatre, six, & les plus grandes
dix-huit, vingt, & même, dit-on,
jusqu'à trente castors, presque toujours en nombre pair, autant de femelles que de mâles. Ainsi, en comp-
tant même au rabais, on peut dire
que leur société est souvent composée de cent cinquante ou deux cents
ouvriers associés, qui tous ont travaillé, d'abord en corps, pour éle-
ver le grand ouvrage public, & ensuite par compagnie, pour édifier des
habitations particulières. Quelque
nombreuse que soit cette société, la
paix s'y maintient sans altération; le
travail commun a resserré leur union;
les commodités qu'ils se font pro-
curées, l'abondance des vivres qu'ils
amassent & consomment ensemble,
servent à l'entretenir; des appétits
modérés, des goûts simples, de l'a-
version pour la chair & le sang,
leur ôtent jusqu'à l'idée de rapine &

de guerre : ils jouiſſent de tous les biens que l'homme ne ſait que deſirer. Amis entr'eux, s'ils ont quelques ennemis au dehors, ils ſavent les éviter, ils s'avertiſſent en frappant, avec leur queue, ſur l'eau un coup qui retentit au loin dans toutes les voûtes des habitations. Chacun prend le parti, ou de plonger dans le lac, ou de ſe receler dans leurs murs qui ne craignent que le feu du ciel, ou le fer de l'homme, & qu'aucun animal n'oſe entreprendre d'ouvrir, ou de renverſer. Ces aſyles ſont non-ſeulement très-ſûrs, mais encore très-propres & très-commodes : le plancher eſt jonché de verdure ; des rameaux de buis & de ſapin leur ſervent de tapis, ſur lequel ils ne font ni ne ſouffrent jamais aucune ordure ; la fenêtre qui regarde ſur l'eau, leur ſert de balcon pour ſe tenir au frais, & prendre le bain pendant la plus grande partie du jour. L'habitude qu'ils ont de tenir continuellement la queue & toutes les parties poſtérieures dans l'eau, paroît avoir changé la nature de leur chair : celle des parties antérieures juſqu'aux reins a la qualité, le goût, la conſiſtance de la chair des animaux de la terre & de l'air; celle des cuiſſes & de la queue a l'odeur, la ſaveur, & toutes les qualités de celle du poiſſon. Cette queue longue d'un pied, épaiſſe d'un pouce, & large de cinq ou ſix, eſt même une extrêmité, une vraie portion de poiſſon attachée au corps d'un quadrupède ; elle eſt entièrement recouverte d'écailles, & d'une peau toute ſemblable à celle des gros poiſſons.

Les caſtors font leur proviſion d'écorce & de bois dans le mois de ſeptembre, enſuite ils jouiſſent de leurs travaux, ils goûtent les douceurs domeſtiques : c'eſt le temps du repos, c'eſt mieux, c'eſt la ſaiſon des amours.

Se connoissant, prévenus l'un pour l'autre par habitude, par les plaisirs & les peines d'un travail commun, chaque couple ne se forme point au hasard, ne se joint pas par pure nécessité de nature, mais s'unit par choix, & s'assortit par goût.

XXXIV.

LE LION.

On a vu souvent le lion dédaigner de petits ennemis, mépriser leurs insultes, & leur pardonner des libertés offensantes : on l'a vu, réduit en captivité, s'ennuyer sans s'aigrir, prendre, au contraire, des habitudes douces, obéir à son maître, flatter la main qui le nourrit, donner quelquefois la vie à ceux qu'on avoit dévoués à la mort, en les lui jettant pour proie ; &, comme s'il se fût attaché par cet acte généreux, leur

M 5

continuer enſuite la même protec-
tion, vivre tranquillement avec eux,
leur faire part de ſa ſubſiſtance, ſe la
laiſſer même quelquefois enlever
toute entière, & ſouffrir plutôt la
faim, que de perdre le fruit de ſon
premier bienfait.

On pourroit dire auſſi que le lion
n'eſt pas cruel, puiſqu'il ne l'eſt que
par néceſſité, qu'il ne détruit qu'autant qu'il conſomme, & que, dès
qu'il eſt repu, il eſt en pleine paix,
tandis que le tigre, le loup, & tant
d'autres animaux d'eſpèce inférieure,
donnent la mort pour le ſeul plaiſir
de la donner, & que, dans leurs
maſſacres nombreux, ils ſemblent
plutôt vouloir aſſouvir leur rage que
leur faim.

L'extérieur du lion ne démient
point ſes grandes qualités intérieures;
il a la figure impoſante, le regard aſſuré, la démarche fière, la voix terrible: ſa taille n'eſt point exceſſive

comme celle de l'éléphant ou du rhinocéros, elle n'eſt ni lourde comme
celle de l'hippopotame ou du bœuf,
ni trop ramaſſée comme celle de
l'hyène ou de l'ours, ni trop alongée,
ni déformée par des inégalités comme
celle du chameau ; mais elle eſt au
contraire ſi bien priſe & ſi bien proportionnée, que le corps du lion paroît être le modèle de la force jointe
à l'agilité : auſſi ſolide que nerveux,
n'étant chargé ni de chair , ni de
graiſſe, & ne contenant rien de ſura-
bondant, il eſt tout nerf & muſcles.
Cette grande force muſculaire ſe
marque au dehors, par les ſauts & les
bonds prodigieux que le lion fait aiſément, par le mouvement bruſque
de ſa queue, qui eſt aſſez fort pour
terraſſer un homme ; par la facilité
avec laquelle il fait mouvoir la peau
de ſa face, & ſur-tout celle de ſon
front, ce qui ajoute beaucoup à ſa
phyſionomie , ou plutôt à l'expreſ-

fion de la fureur; & enfin, par la faculté qu'il a de remuer fa crinière, laquelle non-feulement fe hériffe, mais fe meut & s'agite en tout fens, lorfqu'il eft en colère.

A toutes ces nobles qualités indi-viduelles, le lion joint auffi la no-bleffe de l'efpèce. J'entends, par efpè-ces nobles dans la Nature, celles qui font conftantes, invariables, & qu'on ne peut foupçonner de s'être dégra-dées: ces efpèces font ordinairement ifolées & feules de leur genre; elles font diftinguées par des caractères fi tranchés, qu'on ne peut ni les mé-connoître, ni les confondre avec au-cune des autres.

Le rugiffement du lion eft fi fort que, quand il fe fait entendre, par échos, la nuit dans les déferts, il ref-femble au bruit du tonnerre. Ce ru-giffement eft fa voix ordinaire; car, quand il eft en colère, il a un autre cri qui eft encore plus terrible: alors il se bat les flancs de sa queue, il en bat la terre, il agite sa crinière, fait mouvoir la peau de sa face, remue ses gros sourcils, montre des dents menaçantes, & tire une langue armée de pointes si dures, qu'elle suffit seule pour écorcher la peau, & entamer la chair sans le secours des dents, ni des ongles, qui sont, après ses dents, ses armes les plus cruelles.

XXXV.

LE TIGRE.

Dans la classe des animaux carnassiers, le lion est le premier, le tigre est le second; & comme le premier, même dans un mauvais genre, est toujours le plus grand & souvent le meilleur; le second est ordinairement le plus méchant de tous. A la fierté, au courage, à la force, le lion joint la noblesse, la clémence, la magnanimité, tandis que le tigre eſt baſſement féroce, cruel ſans juſtice, c'eſt-à-dire, ſans néceſſité. Il en eſt de même dans tout ordre de choſes où les rangs ſont donnés par la force : le premier, qui peut tout, eſt moins tyran que l'autre, qui ne pouvant jouir de la puiſſance plénière, s'en venge en abuſant du pouvoir qu'il a pu s'arroger. Auſſi le tigre eſt-il plus à craindre que le lion : celui-ci ſouvent oublie qu'il eſt roi, c'eſt-à-dire, le plus fort de tous les animaux. Marchant d'un pas tranquille, il n'attaque jamais l'homme, à moins qu'il ne ſoit provoqué ; il ne précipite ſes pas, il ne court, il ne chaſſe que quand la faim le preſſe. Le tigre au contraire, quoique raſſaſié de chair, ſemble toujours être altéré de ſang : ſa fureur n'a d'autres intervalles que ceux du temps qu'il faut pour dreſſer des embûches ; il ſaiſit & déchire une nouvelle proie avec la même rage qu'il vient d'exercer, & non pas d'aſſouvir, en dévorant la première; il déſole le pays qu'il habite, il ne craint ni l'aſpect, ni les armes de l'homme, & quelquefois même oſe braver le lion.

La forme du corps eſt ordinairement d'accord avec le naturel. Le lion a l'air noble, la hauteur de ſes jambes eſt proportionnée à la longueur de ſon corps; l'épaiſſe & grande crinière qui couvre ſes épaules & ombrage ſa face, ſon regard aſſuré, ſa démarche grave, tout ſemble annoncer ſa fière & majeſtueuſe intrépidité. Le tigre trop long de corps; trop bas ſur ſes jambes, la tête nue, les yeux hagards, la langue couleur de ſang, toujours hors de la gueule, n'a que les caractères de la baſſe méchanceté & de l'inſatiable cruauté; il n'a, pour tout inſtinct, qu'une rage conſtante, une fureur aveugle, qui ne connoît, qui ne

diſtingue rien, & qui lui fait fouvent dévorer ſes propres enfans, &
déchirer leur mère lorſqu'elle veut
les défendre. Que ne l'eût-il à l'excès
cette ſoif de ſon ſang! Ne pût-il l'é-
teindre qu'en détruiſant, dès leur
naiſſance, la race entière des monſtres qu'il produit!

Le tigre (*a*) fréquente les bords des
fleuves & des lacs : car comme le
ſang ne fait que l'altérer, il a ſouvent
beſoin d'eau pour tempérer l'ardeur
qui le conſume; & d'ailleurs il attend, près des eaux, les animaux qui
y arrivent, & que la chaleur du climat contraint d'y venir pluſieurs fois

---

(*a*) L'eſpèce du vrai tigre, qu'il ne
faut pas confondre avec les léopards,
les panthères & les onces, n'eſt pas
nombreuſe, & paroît confinée aux climats les plus chauds de l'Inde orientale.
C'eſt un animal terrible dont la taille
ſurpaſſe celle du lion, & dont le corps
eſt marqué de bandes longues & noires.

chaque jour. C'eſt là qu'il choiſit ſa proie, ou plutôt qu'il multiplie ſes maſſacres ; car ſouvent il abandonne les animaux qu'il vient de mettre à mort pour en égorger d'autres : il ſemble qu'il cherche à goûter de leur ſang, il le ſavoure, il s'en enivre ; &, lorſqu'il leur fend & déchire le corps, c'eſt pour y plonger la tête, & pour ſucer, à longs traits, le ſang dont il vient d'ouvrir la ſource, qui tarit preſque toujours avant que ſa ſoif ne s'éteigne.

Le tigre eſt peut-être le ſeul de tous les animaux dont on ne puiſſe fléchir le naturel ; ni la force, ni la contrainte ne peuvent le dompter. Il s'irrite des bons comme des mauvais traitemens : la douce habitude qui peut tout, ne peut rien ſur cette nature de fer ; le temps, loin de l'amollir, en tempérant ſes humeurs féroces, ne fait qu'aigrir le fiel de ſa rage ; il déchire la main qui le nourrit comme celle

qui le frappe : il rugit à la vue de tout
être vivant ; chaque objet lui paroît
une nouvelle proie, qu'il dévore d'a-
vance de ſes regards avides, qu'il
menace par des frémiſſemens affreux
mêlés d'un grincement de dents, &
vers lequel il s'élance ſouvent, malgré les chaînes & les grilles qui bri-
ſent ſa fureur ſans pouvoir la calmer.

XXXVI.

L'ELÉPHANT.

L'ÉLÉPHANT eſt, ſi nous voulons
ne nous pas compter, l'être le plus
conſidérable de ce monde : il ſurpaſſe
tous les animaux terreſtres en grandeur, & il approche de l'homme par
l'intelligence, autant au moins que
la matière peut approcher de l'eſprit.
L'éléphant eſt ſupérieur au chien, au
caſtor & au ſinge, qui ſont, des êtres
animés, ceux dont l'inſtinct eſt le

plus admirable ; il réunit leurs qualités les plus éminentes. La main est
le principal organe de l'adresse du
singe : l'éléphant au moyen de sa
trompe, qui lui sert de bras & de
main, & avec laquelle il peut enlever & saisir les plus petites choses
comme les plus grandes, les porter à
sa bouche, les poser sur son dos, les
tenir embrassées, ou les lancer au
loin, a donc le même moyen d'a-
dresse que le singe ; & en même temps
il a la docilité du chien, il est comme
lui susceptible de reconnoissance &
capable d'un fort attachement, il
s'accoutume aisément à l'homme,
se soumet moins par la force que par
les bons traitemens, le sert avec zèle,
avec fidélité, avec intelligence, &c.
Enfin, l'éléphant comme le castor,
aime la société de ses semblables, il
s'en fait entendre : on les voit souvent se rassembler, se disperser, agir
de concert ; & , s'ils n'édifient rien ,

s'ils ne travaillent point en commun; ce n'eſt peut-être que faute d'aſſez d'eſpace & de tranquillité. Car les hommes ſe ſont très-anciennement multipliés dans les terres qu'habite l'éléphant : il vit donc dans l'inquiétude, & n'eſt nulle part paiſible poſſeſſeur d'un eſpace aſſez grand, aſſez libre pour s'y établir à demeure. Chaque être, dans la Nature, a ſon prix réel & ſa valeur relative : ſi l'on veut juger au juſte de l'un & de l'autre dans l'éléphant, il faut lui accorder au moins l'intelligence du caſtor, l'adreſſe du ſinge, le ſentiment du chien, & y ajouter enſuite les avantages particuliers, uniques, de la force, de la grandeur, & de la longue durée de la vie (*a*) : il ne faut

____

(*a*) Si l'on s'eſt aſſuré que des éléphans captifs vivent cent vingt ou cent trente ans, ceux qui ſont libres, & qui jouiſſent de tous les droits de la Nature, doivent vivre au moins deux cents ans.

pas oublier ſes armes, ou ſes défen-
ſes, avec leſquelles il peut percer &
vaincre le lion : il faut ſe repréſenter
que, ſous ſes pas, il ébranle la terre ;
que, de ſa main, il arrache les arbres ; que, d'un coup de ſon corps,
il fait brèche dans un mur ; que, terrible par la force, il eſt encore in-
vincible par la réſiſtance de ſa maſſe,
par l'épaiſſeur du cuir qui la couvre ;
qu'il peut porter ſur ſon dos une tour
armée en guerre, & chargée de pluſieurs hommes ; que, ſeul, il fait mouvoir des machines, & tranſporte des
fardeaux que ſix chevaux ne pourroient remuer ; qu'à cette force pro-
digieuſe il joint encore le courage, la
prudence, le ſang-froid, l'obéiſſance
exacte ; qu'il conſerve de la modéra-
tion, même dans ſes paſſions les plus
vives ; qu'il eſt plus conſtant qu'impétueux en amour ; que, dans la colère, il ne méconnoît pas ſes amis ;
qu'il n'attaque jamais que ceux qui

l'ont offenſé ; qu'il ſe ſouvient dés bienfaits auſſi long - temps que des injures ; que n'ayant nul goût pour la chair, & ne ſe nourriſſant que de végétaux, il n'eſt pas né l'ennemi des autres animaux ; qu'enfin il eſt aimé de tous, puiſque tous le reſpectent, & n'ont nulle raiſon de le craindre.

L'éléphant a les yeux très - petits, relativement au volume de ſon corps, mais ils ſont brillans & ſpirituels ; & ce qui les diſtingue de ceux de tous les autres animaux, c'eſt l'expreſſion pathétique du ſentiment, & la conduite preſque réfléchie de tous leurs mouvemens : il les tourne lentement & avec douceur vers ſon maître, il a pour lui le regard de l'amitié, celui de l'attention lorſqu'il parle, le coupd'œil de l'intelligence quand il l'a écouté, celui de la pénétration lorſqu'il veut le prévenir ; il ſemble réfléchir, délibérer, penſer, & ne ſe déterminer qu'après avoir examiné &

regardé à plusieurs fois & sans pré-
cipitation, sans passion, les signes
auxquels il doit obéir. Les chiens,
dont les yeux ont beaucoup d'expression, sont des animaux trop vifs,
pour qu'on puisse distinguer aisément les nuances successives de leurs
sensations ; mais comme l'éléphant
est naturellement grave & modéré,
on lit, pour ainsi dire, dans ses yeux,
dont les mouvemens se succèdent
lentement, l'ordre & la suite de ses
affections intérieures.

Il a l'ouïe très-bonne, & cet organe est, à l'extérieur, comme celui
de l'odorat, plus marqué dans l'éléphant que dans aucun autre animal.
Ses oreilles sont ordinairement pen-
dantes ; mais il les relève, & les
remue avec une grande facilité : elles
lui servent à essuyer ses yeux, à les
préserver de l'incommodité de la
poussière & des mouches. Il se dé-
lecte au son des instrumens, & paroît

aimer la musique : il apprend aisément à marquer la mesure, à se remuer en cadence, & à joindre à
propos quelques accens au bruit des
tambours & au son des trompettes.
Son odorat est exquis, & il aime avec
passion les parfums de toute espèce,
& sur-tout les fleurs odorantes; il les
choisit, il les cueille une à une, il en
fait des bouquets, &, après en avoir
savouré l'odeur, il les porte à sa
bouche, & semble les goûter : la
fleur d'orange est un de ses mets les
plus délicieux, il dépouille, avec sa
trompe, un oranger de toute sa verdure & en mange les fruits, les
fleurs, les feuilles, & jusqu'au jeune
bois. A l'égard du sens, du toucher,
il ne l'a, pour ainsi dire, que dans la
trompe; mais il est aussi délicat, aussi
distinct dans cette espèce de main,
que dans celle de l'homme. Cette
trompe composée de membranes, de
nerfs & de muscles, est en même
temps

temps un membre capable de mouvement, & un organe de sentiment;
l'animal peut non - seulement la remuer, la fléchir, mais il peut la rac-
courcir, l'alonger, la courber, & la
tourner en tout sens: l'extrêmité de
la trompe est terminée par un rebord, qui s'alonge par le dessus en
forme de doigt. C'est par le moyen
de ce rebord & de cette espèce de
doigt, que l'éléphant fait tout ce que
nous faisons avec les doigts: il ra-
masse à terre les plus petites pièces
de monnoie; il cueille les herbes &
les fleurs, en les choisissant une à
une; il dénoue les cordes, ouvre &
ferme les portes en tournant les clefs
& poussant les verrous; il apprend à
tracer des caractères réguliers avec
un instrument aussi petit qu'une
plume. On ne peut disconvenir que
cette main de l'éléphant n'ait plusieurs avantages sur la nôtre: elle est
d'abord, comme on vient de le voir,

N

également flexible , & tout auffi
adroite pour faifir , palper en gros , &
toucher en détail. Toutes ces opérations fe font par le moyen de l'appendice, en manière de doigt, fitué
à la partie fupérieure du rebord qui
environne l'extrêmité de la trompe,
& laiffe, dans le milieu , une conca-
vité faite en forme de taffe, au fond
de laquelle fe trouvent les deux ori-
fices des conduits communs de l'odorat & de la refpiration. L'éléphant a
donc le nez dans la main, & il eft
le maître de joindre la puiffance de
fes poumons à l'action de fes doigts ,
& d'attirer, par une forte fuccion, les
liquides, ou d'enlever des corps folides très-pefans, en appliquant à leur
furface le bord de fa trompe, & fai-
fant un vuide au dedans par afpiration.
De tous les inftrumens dont la Nature
a fi libéralement muni fes productions
chéries, la trompe eft peut-être le
plus complet & le plus admirable.

XXXVII.

LE RHINOCÉROS.

APRÈS l'éléphant, le rhinocéros est le plus puissant des animaux quadrupèdes : s'il paroît bien plus petit, c'est que ses jambes sont bien plus courtes à proportion que celles de l'éléphant. Mais il en diffère beaucoup par les facultés naturelles & par l'intelligence, n'ayant reçu de la Nature, que ce qu'elle accorde communément à tous les quadrupèdes, privé de toute sensibilité dans la peau, manquant de mains & d'organes distincts pour le sens du toucher ; n'ayant, au lieu de trompe, qu'une lèvre mobile, dans laquelle consistent tous ses moyens d'adresse. Il n'est guère supérieur aux autres animaux, que par la force, la grandeur, & l'arme offensive qu'il porte sur le

nez, & qui n'appartient qu'à lui.
Cette arme est une corne très-dure,
solide dans toute sa longueur, &
placée plus avantageusement que les
cornes des animaux ruminans : celles-
ci ne munissent que les parties supé-
rieures de la tête & du cou, au lieu
que la corne du rhinocéros défend
toutes les parties antérieures du mu-
seau, & préserve d'insulte le mu-
fle, la bouche & la face ; en sorte
que le tigre attaque plus volontiers
l'éléphant, dont il saisit la trompe,
que le rhinocéros qu'il ne peut coëf-
fer sans risquer d'être éventré : car
le corps & les membres sont recou-
verts d'une enveloppe impénétrable,
& cet animal ne craint ni la griffe du
tigre, ni l'ongle du lion, ni le fer,
ni le feu du Chasseur. Sa peau est un
cuir noirâtre, de la même couleur,
mais plus épais & plus dur que celui
de l'éléphant : il n'est pas sensible,
comme lui, à la piqûre des mou-

ches; il ne peut auſſi ni froncer, ni contracter ſa peau; elle eſt ſeulement pliſſée par de groſſes rides au cou, aux épaules, & à la croupe pour faciliter le mouvement de la tête & des jambes, qui ſont maſſives, & terminées par de larges pieds armés de trois grands ongles. Il a la tête plus longue à proportion que l'éléphant; mais il a les yeux encore plus petits, & il ne les ouvre jamais qu'à demi. La mâchoire ſupérieure avance ſur l'inférieure, & la lèvre du deſſus a du mouvement, & peut s'alonger juſqu'à ſix ou ſept pouces de longueur: elle eſt terminée par un appendice pointu, qui donne à cet animal plus de facilité qu'aux autres quadrupèdes, pour cueillir l'herbe, & en faire des poignées à-peu-près comme l'éléphant en fait avec ſa trompe. Cette lèvre muſculeuſe & flexible eſt une eſpèce de main, ou de trompe incomplette, mais qui ne

N 3

laisse pas de saisir avec force & de
palper avec adresse.

XXXVIII.

Le Chameau.

Les Arabes regardent le chameau
comme un présent du ciel, un animal sacré, sans le secours duquel ils
ne pourroient ni subsister, ni commercer, ni voyager. Le lait des chameaux fait leur nourriture ordinaire;
ils en mangent aussi la chair, sur-tout
celle des jeunes, qui est très-bonne
à leur goût : le poil de ces animaux,
qui est fin & moëlleux, & qui se renouvelle tous les ans par une mue
complette, leur sert à faire les étoffes dont ils se vêtissent & se meu-
blent ; avec leurs chameaux, non-
seulement ils ne manquent de rien,
mais même ils ne craignent rien ; ils
peuvent mettre, en un seul jour,

cinquante lieues de défert entr'eux
& leurs ennemis : toutes les armées
du monde périroient à la fuite de
plufieurs Arabes; auffi ne font-ils
foumis qu'autant qu'il leur plaît.
Qu'on fe figure un pays fans verdure
& fans eau, un foleil brûlant, un ciel
toujours fec, des plaines fablonneu-
fes, des montagnes encore plus ari-
des, fur lefquelles l'œil s'étend & le
regard fe perd, fans pouvoir s'arrêter fur aucun objet vivant; une
terre morte, &, pour ainfi dire,
écorchée par les vents, laquelle ne
préfente que des offemens, des cailloux jonchés, des rochers debout ou
renverfés; un défert entièrement découvert, où le Voyageur n'a jamais
refpiré fous l'ombrage, où rien ne
l'accompagne, rien ne lui rappelle la
Nature vivante : folitude abfolue,
mille fois plus affreufe que celle des
forêts; car les arbres font encore des
êtres pour l'homme qui fe voit feul

plus ifolé, plus dénué, plus perdu dans ces lieux vuides & fans bornes, il voit par-tout l'efpace comme fon tombeau : la lumière du jour, plus trifte que l'ombre de la nuit, ne renaît que pour éclairer fa nudité, fon impuiffance, & pour lui préfenter l'horreur de fa fituation, en reculant à fes yeux les barrières du vuide, en étendant autour de lui l'immenfité qui le fépare de la terre habitée : immenfité qu'il tenteroit en vain de parcourir ; car la faim, la foif & la chaleur brûlante, preffent tous les inftans qui lui reftent entre le défefpoir & la mort.

Cependant l'Arabe, à l'aide du chameau, a fu franchir & même s'approprier ces lacunes de la Nature ; elles lui fervent d'afyle, elles affurent fon repos, & le maintiennent dans fon indépendance. Mais de quoi les hommes favent-ils ufer fans abus ? Ce même Arabe libre,

indépendant , tranquille , & même
riche , au lieu de refpecter ces déferts
comme les remparts de fa liberté ,
les fouille par le crime ; il les traverfe
pour aller chez des nations voifines ,
enlever des efclaves & de l'or ; il s'en
fert pour exercer fon brigandage ,
dont malheureufement il jouit plus
encore que de fa liberté : car fes en-
treprifes font prefque toujours heureufes ; malgré la défiance de fes voifins & la fupériorité de leurs forces ,
il échappe à leur pourfuite , & emporte impunément tout ce qu'il leur
a ravi. Un Arabe , qui fe deftine à ce
métier de pirate de terre , s'endurcit
de bonne heure à la fatigue des voyages ; il s'effaie à fe paffer du fommeil , à fouffrir la faim , la foif & la
chaleur ; en même temps il inftruit
fes chameaux , il les élève , & les
exerce dans cette même vue. Peu de
jours après leur naiffance , il leur
plie les jambes fous le ventre , il les

contraint à demeurer à terre, & les
charge, dans cette situation, d'un
poids aſſez fort qu'il les accoutume
à porter, & qu'il ne leur ôte que
pour leur en donner un plus fort:
au lieu de les laiſſer paître à toute
heure, & boire à leur ſoif, il commence par régler leurs repas, & peu-
à-peu les éloigne à de grandes diſtan-
ces, en diminuant auſſi la quantité
de la nourriture. Lorſqu'ils ſont un
peu forts, il les exerce à la courſe; il
les excite par l'exemple des chevaux,
& parvient à les rendre auſſi légers &
plus robuſtes: enfin, lorſqu'il eſt ſûr
de la force, de la légèreté, & de la
ſobriété de ſes chameaux, il les charge
de ce qui eſt néceſſaire à ſa ſubſiſtance & à la leur; il part avec eux,
arrive, ſans être attendu, aux confins du déſert, arrête les premiers
paſſans, pille les habitations écar-
tées, charge ſes chameaux de ſon
butin; &, s'il eſt pourſuivi, s'il eſt

forcé de précipiter fa retraite, c'eſt
alors qu'il développe tous ſes talens
& les leurs. Monté ſur un des plus
légers, il conduit la troupe, la fait
marcher jour & nuit, preſque ſans
s'arrêter, ni boire, ni manger; il fait
aiſément trois cents lieues en huit
jours, &, pendant tout ce temps de
fatigue & de mouvement, il laiſſe
ſes chameaux chargés, il ne leur
donne chaque jour qu'une heure de
repos & une pelotte de pâte. Souvent ils courent ainſi, neuf ou dix
jours, ſans trouver de l'eau; ils ſe
paſſent de boire, & lorſque, par
haſard, il ſe trouve une mare à quelque diſtance de leur route, ils ſentent l'eau de plus d'une demi-lieue,
la ſoif qui les preſſe leur fait dou-
bler le pas, & ils boivent, en une
ſeule fois, pour tout le temps paſſé,
& pour autant de temps à venir:
car ſouvent les voyages ſont de pluſieurs ſemaines, & leurs temps

d'abſtinence durent auſſi long-temps
que leurs voyages (*a*).

En réuniſſant, ſous un ſeul point
de vue, toutes les qualités du chameau , tous les avantages que l'on
en tire , on ne pourra s'empêcher de
le reconnoître pour la plus utile &
la plus précieuſe de toutes les créatures ſubordonnées à l'homme. L'or
& la ſoie ne ſont pas les vraies richeſſes de l'Orient ; c'eſt le chameau
qui eſt le tréſor de l'Aſie : il vaut
mieux que l'éléphant, car il travaille,
pour ainſi dire , autant , & dépenſe
peut-être vingt fois moins : d'ailleurs
l'eſpèce entière en eſt ſoumiſe à

______

(*a*) Cette facilité qu'ils ont à s'abſte-
nir long · temps de boire , n'eſt pas de
pure habitude ; c'eſt plutôt un effet de
leur conformation. Ils ont un cinquiè-
me eſtomac qui leur ſert de réſervoir,
pour conſerver l'eau qu'il font remonter dans leur panſe , par une ſimple
contraction des muſcles.

l'homme, qui la propage & la multiplie autant qu'il lui plaît, au lieu
qu'il ne jouit pas de celle de l'éléphant, qu'il ne peut multiplier, &
dont il faut conquérir les individus
les uns après les autres. Le chameau
vaut non-seulement mieux que l'éléphant, mais peut-être vaut-il autant
que le cheval, l'âne & le bœuf, tous
réunis ensemble : il porte seul autant
que deux mulets ; il mange aussi peu
que l'âne, & se nourrit d'herbes aussi
grossières. La femelle fournit du lait
pendant plus de temps que la vache ;
la chair des jeunes chameaux est
bonne & saine comme celle du veau ;
leur poil est plus beau, plus recher-
ché que la plus belle laine ; il n'y a
pas jusqu'à leurs excrémens dont on
ne tire des choses utiles : car le sel
ammoniac se fait avec leur urine, &
leur fiente desséchée, & mise en
poudre, leur sert de litière ; on en fait
aussi des mottes qui brûlent aisément,

& font une flamme aussi claire &
presque aussi vive que celle du bois
sec.

XXXIX.

LES ABEILLES.

Nos Observateurs admirent, à
l'envi, l'intelligence & les talens des
abeilles : elles ont, disent-ils, un génie
particulier, un art qui n'appartient
qu'à elles, l'art de se bien gouverner ;
il faut savoir observer pour s'en appercevoir : mais une ruche est une
république, où chaque individu ne
travaille que pour la société, où tout
est ordonné, distribué, réparti avec
une prévoyance, une équité, une
prudence admirables. Athènes n'étoit
pas mieux conduite, ni mieux policée : plus on observe ce panier de
mouches, & plus on découvre de
merveilles, un fond de gouverne-

ment inaltérable & toujours le même, un respect profond pour la personne en place, une vigilance singulière pour son service, la plus soigneuse attention pour ses plaisirs, un amour constant pour la patrie, une ardeur inconcevable pour le travail, une assiduité à l'ouvrage que rien n'égale, le plus grand désintéressement joint à la plus grande économie, la plus fine géométrie employée à la plus élégante architecture, &c. Je ne finirois point si je voulois seulement parcourir les annales de cette république, & tirer de l'histoire de ces insectes tous les traits qui ont excité l'admiration de leurs Historiens.

C'est qu'indépendamment de l'enthousiasme qu'on prend pour son sujet, on admire toujours d'autant plus qu'on observe davantage & qu'on raisonne moins. Y a-t-il, en effet, rien de plus gratuit que cette

admiration pour les mouches, & que
ces vues morales qu'on voudroit leur
prêter, que cet amour du bien commun qu'on leur suppose, que cet
instinct singulier qui équivaut à la
géométrie la plus sublime?

Ce n'est point la curiosité que je
blâme ici, ce sont les raisonnemens
& les exclamations; qu'on ait observé
avec attention leurs manœuvres,
qu'on ait suivi avec soin leurs pro-
cédés & leur travail, qu'on ait décrit
exactement leur génération, leur
multiplication, leurs métamorpho-
ses, &c., tous ces objets peuvent occuper le loisir d'un Naturaliste : mais
c'est la morale, c'est la théologie des
insectes que je ne puis entendre prê-
cher ; ce sont les merveilles que les
Observateurs y mettent, & sur lesquelles ensuite ils se récrient, comme
si elles y étoient en effet, qu'il faut
examiner ; c'est cette intelligence,
cette prévoyance, cette connoissance

même de l'avenir qu'on leur accorde avec tant de complaisance, & que je vais tâcher de réduire à sa juste valeur.

Les mouches solitaires n'ont, de l'aveu de ces Observateurs, aucun esprit en comparaison des mouches qui vivent ensemble : celles qui ne forment que de petites troupes, en ont moins que celles qui sont en grand nombre ; & les abeilles, qui, de toutes, sont peut-être celles qui forment la société la plus nombreuse, sont aussi celles qui ont le plus de génie. Cela seul ne suffit-il pas pour faire penser que cette apparence d'esprit, ou de génie, n'est qu'un résultat purement méchanique, une combinaison de mouvement proportionnelle au nombre, un rapport qui n'est compliqué, que parce qu'il dépend de plusieurs milliers d'individus ? Ne sait-on pas que tout rapport, tout désordre même, pourvu qu'il

foit conſtant, nous paroît une harmonie, dès que nous en ignorons les
cauſes, & que, de la ſuppoſition de
cette apparence à celle de l'intelligence, il n'y a qu'un pas, les hommes aimant mieux admirer qu'ap-
profondir ?

On conviendra donc d'abord, qu'à
prendre les mouches une à une, elles
ont moins de génie que le chien, le
ſinge, & la plupart des animaux : on
conviendra qu'elles ont moins de
docilité, moins d'attachement, moins
de ſentiment, moins, en un mot,
de qualités relatives aux nôtres. Dès-
lors on doit convenir que leur intelligence apparente ne vient que de
leur multitude réunie : cependant
cette réunion même ne ſuppoſe aucune intelligence ; car ce n'eſt point
par des vues morales qu'elles ſe réu-
niſſent, c'eſt ſans leur conſentement
qu'elles ſe trouvent enſemble. Cette
ſociété n'eſt donc qu'un aſſemblage

physique, ordonné par la Nature, & indépendant de toute vue, de toute connoissance, de tout raisonnement.

La Nature n'est-elle pas assez étonnante par elle-même, sans chercher encore à nous surprendre, en nous étourdissant de merveilles qui n'y sont pas, & que nous y mettons? Le Créateur n'est-il pas assez grand par ses ouvrages, & croyons-nous le faire plus grand par notre imbécillité? Ce seroit, s'il pouvoit l'être, la façon de le rabaisser. Lequel, en effet, a de l'Etre Suprême la plus grande idée, celui qui le voit créer l'Univers, ordonner les existences, fonder la Nature sur des loix invariables & perpétuelles, ou celui qui le cherche, & veut le trouver attentif à conduire une république de mouches, & fort occupé de la manière dont se doit plier l'aile d'un scarabée?

Il y a, parmi certains animaux,

une espèce de société qui semble
dépendre du choix de ceux qui la
composent, & qui par conséquent
approche bien davantage de l'intelligence & du dessein, que la société
des abeilles, qui n'a d'autre principe
qu'une nécessité physique. Les éléphans, les castors, les singes, &
plusieurs autres espèces d'animaux,
se cherchent, se rassemblent, vont
par troupe, se secourent, se défen-
dent, s'avertissent, & se soumettent
à des allures communes : si nous ne
troublions pas si souvent ces sociétés,
& que nous pussions les observer
aussi facilement que celles des mouches, nous y verrions, sans doute, bien
d'autres merveilles, qui cependant
ne seroient que des rapports & des
convenances physiques.

Dirai-je encore un mot ? Ces cellules des abeilles, ces exagones tant
vantés, tant admirés, me fournissent
une preuve de plus contre l'enthou-

fiafme & l'admiration. Cette figure,
toute géométrique & toute régulière
qu'elle nous paroît, & qu'elle eft,
en effet, dans la fpéculation, n'eft
ici qu'un réfultat méchanique &
affez imparfait, qui fe trouve fouvent dans la Nature, & que l'on
remarque même dans fes productions
les plus brutes : les cryftaux & plufieurs autres pierres, quelques fels,
&c., prennent conftamment cette
figure dans leur formation. Qu'on
obferve les petites écailles de la peau
d'une rouffette, on verra qu'elles font
exagones, parce que chaque écaille,
croiffant en même temps, fe fait
obftacle, & tend à occuper le plus
d'efpace qu'il eft poffible dans un
efpace donné : on voit ces mêmes
exagones dans le fecond eftomac des
animaux ruminans ; on les trouve
dans les graines, dans leurs capfules,
dans certaines fleurs, &c. Chaque
abeille cherchant à occuper de même

le plus d'efpace poffible dans un efpace donné , il eft donc néceffaire
auffi , puifque le corps des abeilles
eft cylindrique , que leurs cellules
foient exagones , par la même raifon
des obftacles réciproques.

On donne plus d'efprit aux mouches , dont les ouvrages font les plus
réguliers. Les abeilles font , dit-on ,
plus ingénieufes que les guêpes , que
les frêlons , &c. , qui favent auffi l'architecture , mais dont les conftruc-
tions font plus groffières & plus irré-
gulières que celles des abeilles. On ne
veut pas voir , ou l'on ne fe doute
pas que cette régularité , plus ou
moins grande , dépend uniquement
du nombre & de la figure , & nullement de l'intelligence de ces petites
bêtes : plus elles font nombreufes ,
plus il y a de forces qui agiffent également , & qui s'oppofent de même ;
plus il y a par conféquent de contrain-
tes méchaniques , de régularités for-

cées, & de perfection apparente, dans leurs productions. Enfin, cette abondante récolte de cire & de miel dans les ruches, prouve-t-elle l'intelligence des abeilles? Non, sans doute; car l'intelligence les porteroit à ne ramasser qu'à-peu-près autant qu'elles ont besoin, & à s'épargner la peine de tout le reste, sur-tout après la triste expérience que ce travail est en pure perte, qu'on leur enlève tout ce qu'elles ont de trop, qu'enfin cette abondance est la seule cause de la guerre qu'on leur fait, & la source de la désolation & du trouble de leur société. Il est si vrai, que ce n'est que par sentiment aveugle qu'elles travaillent, qu'on peut les obliger à travailler, pour ainsi dire, autant que l'on veut : tant qu'il y a des fleurs qui leur conviennent, dans le pays qu'elles habitent, elles ne cessent d'en tirer le miel & la cire; elles ne discontinuent leur travail, & ne finissent leur récolte, que parce qu'elles ne trouvent plus rien à ramasser. On a imaginé de les transporter, & de les faire voyager dans d'autres pays où il y a encore des fleurs : alors elles reprennent le travail, elles continuent à ramasser, à entasser, jusqu'à ce que les fleurs de ce nouveau canton soient épuisées ou flétries ; & , si on les porte dans un autre qui soit encore fleuri, elles continueront de même à recueillir, à amasser. Ce n'est donc point du produit de leur intelligence, c'est des effets de leur stupidité que nous profitons.

X L.

Première vue de la Nature.

La Nature est le systême des loix établies par le Créateur, pour l'existence des choses & pour la succession des êtres. La Nature n'est point une chose,

chose, car cette chose seroit tout ; la
Nature n'est point un être, car cet
être seroit Dieu : mais on peut la considérer comme une puissance vive,
immense, qui embrasse tout, qui anime tout, & qui, subordonnée à celle
du premier Etre, n'a commencé d'a-
gir que par son ordre, & n'agit encore que par son concours, ou son
consentement. Cette puissance est,
de la Puissance divine, la partie qui
se manifeste ; c'est en même temps
la cause & l'effet, le mode & la
substance, le dessein & l'ouvrage.
Bien différente de l'art humain, dont
les productions ne sont que des ouvrages morts, la Nature est elle-même un ouvrage perpétuellement vivant, un ouvrier sans cesse actif,
qui sait tout employer, qui, travail-
lant d'après soi-même, toujours sur
le même fonds, bien-loin de l'épui-
ser, le rend inépuisable : le temps,
l'espace & la matière sont ses moyens,

O

l'Univers fon objet, le mouvement
& la vie fon but.

Les effets de cette puiſſance font
les phénomènes du Monde : les reſ-
forts qu'elle emploie font des forces
vives, que l'eſpace & le temps ne
peuvent que meſurer & limiter, ſans
jamais les détruire ; des forces qui ſe
balancent, qui ſe confondent, qui
s'oppoſent, ſans pouvoir s'anéantir ;
les unes pénètrent & tranſportent les
corps, les autres les échauffent &
les animent ; l'attraction & l'impulſion font les deux principaux inſtrumens de l'action de cette puiſſance
fur les corps bruts ; la chaleur & les
molécules organiques vivantes font
les principes actifs, qu'elle met en
œuvre pour la formation & le développement des êtres organiſés.

Bornes de ſon pouvoir.

Avec de tels moyens que ne peut
la Nature ? Elle pourroit tout, ſi elle

pouvoit anéantir & créer : mais Dieu s'eſt réſervé ces deux extrêmes de pouvoir ; anéantir & créer ſont les attributs de la Toute-Puiſſance ; altérer, changer, détruire, développer, renouveller, produire, ſont les ſeuls droits qu'il a voulu céder. Miniſtre de ſes ordres irrévocables, dépoſitaire de ſes immuables décrets, la Nature ne s'écarte jamais des loix qui lui ont été preſcrites ; elle n'altère rien aux plans qui lui ont été tracés, &, dans tous ſes ouvrages, elle préſente le ſceau de l'Eternel. Cette empreinte divine, prototype inaltérable des exiſtences, eſt le modèle ſur lequel elle opère : modèle dont tous les traits ſont exprimés en caractères ineffaçables, & prononcés pour jamais ; modèle toujours neuf, que le nombre des moules, ou des copies, quelqu'infini qu'il ſoit, ne fait que renouveller.

Tout a donc été créé, & rien

encore ne s'est anéanti : la Nature
balance entre ces deux limites, sans
jamais approcher ni de l'une ni de
l'autre. Tâchons de la saisir dans
quelques points de cet espace immense, qu'elle remplit & parcourt
depuis l'origine des siècles.

Quels objets ! Un volume immense de matière, qui n'eût formé
qu'une inutile, une épouvantable
masse, s'il n'eût été divisé en parties,
séparées par des espaces mille fois
plus immenses : mais des milliers de
globes lumineux, placés à des distances inconcevables, sont les bases
qui servent de fondement à l'édifice
du Monde ; des millions de globes
opaques circulent autour des premiers, en composent l'ordre & l'architecture mouvante. Deux forces
primitives agitent ces grandes masses,
les roulent, les transportent, & les
animent : chacune agit à tout instant, & toutes deux, combinant leurs

efforts, tracent les zones des fphères céleftes, établiffent, dans le milieu du vuide, des lieux fixes & des routes déterminées ; & c'eft du fein même du mouvement que naît l'équilibre des mondes, & le repos de l'Univers.

La première de ces forces eft également répartie ; la feconde a été diftribuée en mefure inégale. Chaque atome de matière a une même quantité de force d'attraction ; chaque globe a une quantité différente de force d'impulfion : auffi eft-il des aftres fixes & des aftres errans ; des globes qui ne femblent être faits que pour attirer, & d'autres pour pouffer, ou pour être pouffés ; des fphères qui ont reçu une impulfion commune dans le même fens, & d'autres une impulfion particulière ; des aftres folitaires, & d'autres accompagnés de fatellites ; des corps de lumière, & des maffes de ténèbres ; des planètes

dont les différentes parties ne jouis-
sent que successivement d'une lumière empruntée ; des comètes qui
se perdent dans l'obscurité des profondeurs de l'espace, & reviennent,
après des siécles, se parer de nouveaux feux; des soleils qui paroissent,
disparoissent, & semblent alternati-
vement se rallumer & s'éteindre,
d'autres qui se montrent une fois, &
s'évanouissent ensuite pour jamais.
Le ciel est le pays des grands événe-
mens ; mais à peine l'œil humain
peut-il les saisir. Un soleil qui périt,
& qui cause la catastrophe d'un
monde, ou d'un systême de mondes,
ne fait d'autre effet à nos yeux, que
celui d'un feu follet qui brille & qui
s'éteint : l'homme, borné à l'atome
terrestre sur lequel il végète, voit cet
atome comme un monde, & ne voit
des mondes que comme des atomes.

Car cette terre qu'il habite, à peine
reconnoissable parmi les autres glo-

bes, & tout-à-fait invisible pour les
sphères éloignées, est un million de
fois plus petite que le soleil qui l'é-
claire, & mille fois plus petite que
d'autres planètes qui, comme elle,
font fubordonnées à la puiffance de
cet aftre, & forcées à circuler autour
de lui. Saturne, Jupiter, Mars, la
terre, Vénus, Mercure & le foleil,
occupent la petite partie des cieux
que nous appellons *notre Univers*.
Toutes ces planètes, avec leurs fatellites, entraînées par un mouvement rapide dans le même fens, &
prefque dans le même plan, compofent une roue d'un vafte diamètre,
dont l'effieu porte toute la charge, &
qui, tournant lui-même avec rapidité,
a dû s'échauffer, s'embrafer, & répandre la chaleur & la lumière jufqu'aux extrêmités de la circonférence.
Tant que ces mouvemens dureront,
(& ils feront éternels, à moins que
la main du premier Moteur ne s'op-

pose, & n'emploie autant de force
pour les détruire qu'il en a fallu pour
les créer), le soleil brillera, & rem-
plira de sa splendeur toutes les sphères du Monde ; & comme, dans un
système où tout s'attire, rien ne peut
ni se perdre, ni s'éloigner sans retour,
la quantité de matière restant toujours la même, cette source féconde
de lumière & de vie ne s'épuisera, ne
tarira jamais : car les autres soleils,
qui lancent aussi continuellement
leurs feux, rendent à notre soleil
tout autant de lumière qu'ils en re-
çoivent de lui.

Les comètes, en beaucoup plus
grand nombre que les planètes, &
dépendantes, comme elles, de la
puissance du soleil, pressent aussi sur
ce foyer commun, en augmentent la
charge, & contribuent de tout leur
poids à son embrasement. Elles font
partie de notre Univers, puisqu'elles
sont sujettes, comme les planètes, à

l'attraction du foleil ; mais elles n'ont rien de commun entr'elles, ni avec les planètes, dans leur mouvement d'impulfion ; elles circulent chacune dans un plan différent, & décrivent des orbes, plus ou moins alongés, dans des périodes différentes de temps ; dont les unes font de plufieurs années, & les autres de quelques fiècles : le foleil, tournant fur lui-même, mais au refte immobile au milieu de tout, fert en même temps de flambeau, de foyer, de pivot, à toutes ces parties de la machine du Monde.

C'eft par fa grandeur même qu'il demeure immobile, & qu'il régit les autres globes. Comme la force a été donnée proportionnellement à la maffe, qu'il eft incomparablement plus grand qu'aucune des comètes, & qu'il contient mille fois plus de matière que la plus groffe planète, elles ne peuvent ni le déranger, ni

se souftraire à sa puiffance, qui, s'é-
tendant à des diftances immenfes,
les contient toutes, & lui ramène,
au bout d'un temps, celles qui s'é-
loignent le plus : quelques - unes
même, à leur tour, s'en approchent
de si près, qu'après avoir été refroi-
dies pendant des siécles, elles éprou-
vent une chaleur inconcevable; elles
font sujettes à des viciffitudes étranges par ces alternatives de chaleur &
de froid extrêmes, auffi-bien que par
les inégalités de leur mouvement,
qui tantôt eft prodigieufement accé-
léré, & enfuite infiniment retardé.
Ce font, pour ainfi dire, des mondes en défordre en comparaifon des
planètes, dont les orbites étant plus
régulières, les mouvemens plus
égaux, la température toujours la
même, femblent être des lieux de
repos, où, tout étant conftant, la
Nature peut établir un plan, agir
uniformément, fe développer fuc-

cessivement dans toute son étendue.
Parmi ces globes, choisis entre les
astres errans, celui que nous habi-
tons paroît encore être privilégié:
moins froid, moins éloigné que Saturne, Jupiter, Mars, il est aussi
moins brûlant que Vénus & Mercure,
qui paroissent trop voisins de l'astre
de lumière.

Aussi avec quelle magnificence la
Nature ne brille-t-elle pas sur la
terre? Une lumière pure, s'étendant
de l'orient au couchant, dore successivement les hémisphères de ce
globe; un élément transparent & léger l'environne; une chaleur douce
& féconde anime, fait éclore tous
les germes de vie: des eaux vives &
salutaires servent à leur entretien, à
leur accroissement; des éminences,
distribuées dans le milieu des terres,
arrêtent les vapeurs de l'air, rendent
ces sources intarissables & toujours
nouvelles; des cavités immenses,

faites pour les recevoir, partagent les continens. L'étendue de la mer est aussi grande que celle de la terre : ce n'est point un élément froid & stérile, c'est un nouvel empire aussi riche, aussi peuplé que le premier. Le doigt de Dieu a marqué leurs confins : si la mer anticipe sur les plages de l'occident, elle laisse à découvert celles de l'orient. Cette masse immense d'eau, inactive par elle-même, suit les impressions des mouvemens célestes, elle balance par des oscillations régulières de flux & de reflux, elle s'élève & s'abaisse avec l'astre de la nuit, elle s'élève encore plus lorsqu'il concourt avec l'astre du jour, & que tous deux, réunissant leurs forces dans le temps des équinoxes, causent les grandes marées : notre correspondance avec le ciel n'est nulle part mieux marquée. De ces mouvemens constans & généraux résultent des mouvemens variables &

particuliers, des tranſports de terre,
des dépôts qui forment, au fond des
eaux, des éminences ſemblables à
celles que nous voyons ſur la ſurface
de la terre ; des courans qui, ſuivant
la direction de ces chaînes de montagnes, leur donnent une figure dont
tous les angles ſe correſpondent, &
coulans au milieu des ondes, comme
les eaux coulent ſur la terre, ſont,
en effet, des fleuves de la mer.

L'air encore plus léger, plus fluide
que l'eau, obéit auſſi à un plus grand
nombre de puiſſances : l'action éloignée du ſoleil & de la lune, l'action
immédiate de la mer, celle de la chaleur qui le raréfie, celle du froid qui
le condenſe, y cauſent des agitations
continuelles. Les vents ſont ſes courans, ils pouſſent, ils aſſemblent les
nuages, ils produiſent les météores,
& tranſportent, au deſſus de la ſurface aride des continens terreſtres,
les vapeurs humides des plages ma-

ritimes ; ils déterminent les orages,
répandent & diftribuent les pluies fécondes & les rofées bienfaifantes ; ils
troublent les mouvemens de la mer,
ils agitent la furface mobile des eaux,
arrêtent ou précipitent les courans,
les font rebrouffer , foulèvent les
flots, excitent les tempêtes ; la mer
irritée s'élève vers le ciel , & vient,
en mugiffant, fe brifer contre des di-
gues inébranlables, qu'avec tous fes
efforts elle ne peut ni détruire, ni
furmonter.

La terre, élevée au deffus du niveau de la mer , eft à l'abri de fes
irruptions : fa furface émaillée de
fleurs, parée d'une verdure toujours
renouvellée , peuplée de mille &
mille efpèces d'animaux différens, eft
un lieu de repos, un féjour de dé-
lices, où l'homme , placé pour fe-
conder la Nature, préfide à tous les
êtres. Seul entre tous, capable de
connoître & digne d'admirer, Dieu

l'a fait fpectateur de l'Univers & témoin de fes merveilles : l'étincelle divine dont il eft animé le rend parti-
cipant aux myftères divins ; c'eft par
cette lumière qu'il penfe & réfléchit ;
c'eft par elle qu'il voit & lit dans le
livre du Monde , comme dans un
exemplaire de la Divinité.

La Nature eft le trône extérieur
de la magnificence divine ; l'homme
qui la contemple , qui l'étudie , s'é-
lève par degrés au trône intérieur de
la Toute-Puiffance. Fait pour adorer
le Créateur , il commande à toutes
les créatures ; vaffal du ciel , roi de
la terre , il l'ennoblit , la peuple , &
l'enrichit ; il établit entre les êtres
vivans l'ordre , la fubordination ,
l'harmonie ; il embellit la Nature
même , il la cultive , l'étend , & la
polit ; en élague le chardon & la
ronce , y multiplie le raifin & la
rofe.

Tableau de la Nature brute.

Voyez ces plages défertes, ces triftes contrées, où l'homme n'a jamais habité, couvertes, ou plutôt hériffées de bois épais & noirs, dans toutes les parties élevées; des arbres fans écorce & fans cime, courbés, rompus, tombans de vétufté; d'autres en plus grand nombre, giffans au pied des premiers, pour pourrir fur des monceaux déjà pourris, étouffent, enfeveliffent les germes prêts à éclore. La Nature, qui par-tout ailleurs brille par fa jeuneffe, paroît ici dans la décrépitude: la terre furchargée par le poids, furmontée par les débris de fes productions, n'offre, au lieu d'une verdure floriffante, qu'un efpace encombré, traverfé de vieux arbres chargés de plantes parafites, de lichens, d'agarics, fruits impurs de la corruption; dans toutes les parties baffes, des eaux mortes

& croupiffantes, faute d'être con-
duites & dirigées; des terreins fan-
geux, qui, n'étant ni liquides, ni folides, font inabordables, & demeurent également inutiles aux habitans
de la terre & des eaux; des maré-
cages qui, couverts de plantes aquatiques & fétides, ne nourriffent que
des infectes vénéneux, & fervent de
repaire aux animaux immondes. Entre ces marais infects qui occupent
les lieux-bas, & les forêts décrépites
qui couvrent les terres élevées, s'é-
tendent des efpèces de landes, des
favanes qui n'ont rien de commun
avec nos prairies; les mauvaifes herbes y furmontent, y étouffent les
bonnes : ce n'eft point ce gazon fin
qui femble faire le duvet de la terre,
ce n'eft point cette peloufe émaillée
qui annonce fa brillante fécondité;
ce font des végétaux agreftes, des
herbes dures, épineufes, entrelacées
les unes dans les autres, qui femblent

moins tenir à la terre qu'elles ne
tiennent entr'elles, & qui, se dessé-
chant & repoussant successivement
les unes sur les autres, forment une
bourre grossière, épaisse de plusieurs
pieds. Nulle route, nulle communication, nul vestige d'intelligence dans
ces lieux sauvages. L'homme obligé
de suivre le sentier de la bête farouche, s'il veut les parcourir; contraint
de veiller sans cesse pour éviter d'en
devenir la proie, effrayé de leurs
rugissemens, saisi du silence même
de ces profondes solitudes, il re-
brousse chemin, & dit : La Nature
brute est hideuse & mourante; c'est
moi, moi seul qui peux la rendre
agréable & vivante. Desséchons ces
marais, animons ces eaux mortes en
les faisant couler; formons - en des
ruisseaux, des canaux; employons
cet élément actif & dévorant qu'on
nous avoit caché, & que nous ne
devrons qu'à nous-mêmes; mettons

le feu à cette bourre superflue, à ces
vieilles forêts déjà à demi consom-
mées; achevons de détruire, avec le
fer, ce que le feu n'aura pu consu-
mer. Bientôt au lieu du jonc, du né-
nuphar, dont le crapaud composoit
son venin, nous verrons paroître la
renoncule, le trèfle, les herbes douces & salutaires; des troupeaux d'a-
nimaux fouleront cette terre jadis
impraticable; ils y trouveront une
subsistance abondante, une pâture
toujours renaissante; ils se multiplie-
ront pour se multiplier encore. Ser-
vons-nous de ces nouveaux aides
pour achever notre ouvrage; que le
bœuf, soumis au joug, emploie ses
forces & le poids de sa masse à sillon-
ner la terre, qu'elle rajeunisse par la
culture : une Nature nouvelle va sortir de nos mains.

Tableau de la Nature cultivée.

Qu'elle est belle, cette Nature

cultivée! Que par les foins de l'homme
elle eſt brillante & pompeuſement
parée! Il en fait lui-même le principal ornement, il en eſt la production la plus noble; en ſe multipliant,
il en multiplie le germe le plus précieux; elle-même auſſi ſemble ſe multiplier avec lui; il met au jour, par
ſon art, tout ce qu'elle receloit dans
ſon ſein. Que de tréſors ignorés, que
de richeſſes nouvelles! Les fleurs, les
fruits, les grains perfectionnés, multipliés à l'infini; les eſpèces utiles
d'animaux tranſportées, propagées,
augmentées ſans nombre; les eſpèces
nüiſibles réduites, confinées, relé-
guées; l'or, & le fer plus néceſſaire
que l'or, tirés des entrailles de la
terre; les torrens contenus, les fleuves dirigés, reſſerrés; la mer même
ſoumiſe, reconnue, traverſée d'un
hémiſphère à l'autre; la terre acceſſi-
ble par-tout, par-tout rendue auſſi
vivante que féconde; dans les vallées

de riantes prairies; dans les plaines,
de riches pâturages, ou des moiſſons
encore plus riches; les collines char-
gées de vignes & de fruits, leurs ſom-
mets couronnés d'arbres utiles & de
jeunes forêts; les déſerts devenus des
cités habitées par un peuple immenſe,
qui, circulant ſans ceſſe, ſe répand
de ces centres juſqu'aux extrêmités;
des routes ouvertes & fréquentées,
des communications établies par-
tout, comme autant de témoins de la
force & de l'union de la ſociété;
mille autres monumens de puiſſance
& de gloire, démontrent aſſez que
l'homme, maître du domaine de la
terre, en a changé, renouvellé la ſurface entière, & que de tout temps il
partage l'empire avec la Nature.

Cependant il ne règne que par
droit de conquête; il jouit plutôt
qu'il ne poſſède, il ne conſerve que
par des ſoins toujours renouvellés:
s'ils ceſſent, tout languit, tout s'al-

tère, tout change, tout rentre sous la main de la Nature; elle reprend ses droits, efface les ouvrages de l'homme, couvre de poussière & de mousse ses plus fastueux monumens, les détruit avec le temps, & ne lui laisse que le regret d'avoir perdu, par sa faute, ce que ses ancêtres avoient conquis par leurs travaux. Ces temps où l'homme perd son domaine, ces siècles de barbarie pendant lesquels tout périt, sont toujours préparés par la guerre, & arrivent avec la disette & la dépopulation. L'homme qui ne peut que par le nombre, qui n'est fort que par sa réunion, qui n'est heureux que par la paix, a la fureur de s'armer pour son malheur, & de combattre pour sa ruine. Excité par l'insatiable avidité, aveuglé par l'ambition encore plus insatiable, il renonce aux sentimens d'humanité, tourne toutes ses forces contre lui-même, cherche à s'entre-détruire, se détruit en effet ; &, après ces jours de sang & de carnage, lorsque la fumée de la gloire s'est dissipée, il voit d'un œil triste la terre dévastée, les Arts ensevelis, les nations dispersées, les peuples affoiblis, son propre bonheur ruiné, & sa puissance réelle anéantie.

Invocation à l'Auteur de la Nature.

Grand Dieu, dont la seule présence soutient la Nature, & maintient l'harmonie des loix de l'Univers ; vous qui, du trône immobile de l'Empirée, voyez rouler sous vos pieds les sphères célestes sans choc & sans confusion ; qui, du sein du repos, reproduisez à chaque instant leurs mouvemens immenses, & seul régissez, dans une paix profonde, ce nombre infini de cieux & de mondes : rendez, rendez enfin le calme à la terre agitée ! Qu'elle soit dans le silence ! Qu'à votre voix, la discorde & la guerre cessent de faire retentir leurs

clameurs orgueilleuses ! Dieu de bonté,
Auteur de tous les êtres, vos regards
paternels embraffent tous les objets de
la création : mais l'homme eft votre
être de choix ; vous avez éclairé fon
ame d'un rayon de votre lumière im-
mortelle ; comblez vos bienfaits, en
pénétrant fon cœur d'un trait de votre amour : ce fentiment divin, fe ré-
pandant par-tout, réunira les natures
ennemies ; l'homme ne craindra plus
l'afpect de l'homme, le fer homicide
n'armera plus fa main ; le feu dévorant
de la guerre ne fera plus tarir la fource
des générations ; l'efpèce humaine
maintenant affoiblie, mutilée, moif-
fonnée dans fa fleur, germera de nouveau, & fe multipliera fans nombre ;
la Nature accablée fous le poids des
fléaux, ftérile, abandonnée, repren-
dra bientôt avec une nouvelle vie fon
ancienne fécondité ; & nous, Dieu
bienfaiteur, nous la feconderons, nous
la cultiverons, nous l'obferverons fans
cesse,

vesse, pour vous offrir à chaque ins-
tant un nouveau tribut de reconnoissance
& d'admiration.

XLI.

Seconde vue de la Nature.

UN individu, de quelque espèce
qu'il soit, n'est rien dans l'Univers :
cent individus, mille ne sont encore
rien. Les espèces sont les seuls êtres
de la Nature ; êtres perpétuels, aussi
anciens, aussi permanens qu'elle,
que, pour mieux juger, nous ne
considérons plus comme une collec-
tion, ou une suite d'individus semblables, mais comme un tout indépendant du nombre, indépendant du
temps ; un tout toujours vivant, toujours le même ; un tout qui a été
compté pour un dans les ouvrages
de la création, & qui par conséquent
ne fait qu'une unité dans la Nature.

P

De toutes ces unités, l'efpèce humaine eft la première ; les autres, de
l'éléphant jufqu'à la mite, du cèdre
jufqu'à l'hyfope, font en feconde
& en troifième ligne : &, quoique
différente par la forme, par la fubftance, & même par la vie, chacune
tient fa place, fubfifte par elle-même,
fe défend des autres, & toutes enfemble compofent & repréfentent la
Nature vivante, qui fe maintient
& fe maintiendra comme elle s'eft
maintenue. Un jour, un fiècle, un
âge, toutes les portions du temps ne
font pas partie de fa durée : le temps
lui-même n'eft relatif qu'aux individus, aux êtres dont l'exiftence eft
fugitive ; mais celle des efpèces étant
conftante, leur permanence fait la
durée, & leur différence, le nombre.
Comptons donc les efpèces comme
nous l'avons fait, donnons-leur à
chacune un droit égal à la menfe de
la Nature ; elles lui font toutes éga-

lement chères, puifqu'à chacune elle a donné les moyens d'être, & de durer tout auffi long-temps qu'elle.

Faifons plus, mettons aujourd'hui l'efpèce à la place de l'individu : nous avons vu quel étoit, pour l'homme, le fpectacle de la Nature, imaginons quelle en feroit la vue pour un être qui repréfenteroit l'efpèce humaine entière. Lorfque, dans un beau jour de printemps, nous voyons la verdure renaître, les fleurs s'épanouir, tous les germes éclore, les abeilles revivre, l'hirondelle arriver, le roffignol chanter l'amour, le bélier en bondir, le taureau en mugir, tous les êtres vivans fe chercher & fe joindre pour en produire d'autres; nous n'avons d'autre idée que celle d'une reproduction & d'une nouvelle vie. Lorfque, dans la faifon noire du froid & des frimats, l'on voit les natures devenir indifféren-tes, fe fuir au lieu de fe chercher,

les habitans de l'air déſerter nos climats, ceux de l'eau perdre leur liberté
ſous des voûtes de glace, tous les inſectes diſparoître ou périr, la plupart
des animaux s'engourdir, ſe creuſer
des retraites, la terre ſe durcir, les
plantes ſe ſécher, les arbres dépouil-
lés ſe courber, s'affaiſſer ſous le poids
de la neige & du givre; tout préſente
l'idée de la langueur & de l'anéantiſ-
ſement. Mais ces idées de renouvellement & de deſtruction, ou plutôt
ces images de la mort & de la vie,
quelque grandes, quelque générales
qu'elles nous paroiſſent, ne ſont
qu'individuelles & particulières :
l'homme, comme individu, juge
ainſi la Nature; l'être, que nous avons
mis à la place de l'eſpèce, la juge
plus grandement, plus généralement;
il ne voit dans cette deſtruction,
dans ce renouvellement, dans toutes
ces ſucceſſions, que permanence &
durée; la ſaiſon d'une année eſt pour

lui la même que celle de l'année pré-
cédente, la même que celle de tous
les siècles ; le millième animal, dans
l'ordre des générations, est pour lui
le même que le premier animal. Et,
en effet, si nous vivions, si nous
subsistions à jamais, si tous les êtres
qui nous environnent subsistoient
aussi tels qu'ils sont pour toujours,
& que tout fût perpétuellement
comme tout est aujourd'hui, l'idée
du temps s'évanouiroit, & l'individu
deviendroit l'espèce.

Eh, pourquoi nous refuserions-
nous de considérer la Nature, pendant quelques instans, sous ce nouvel aspect ? A la vérité, l'homme, en
venant au monde, arrive des ténèbres ; l'ame aussi nue que le corps, il
naît sans connoissance comme sans
défense, il n'apporte que des qualités
passives, il ne peut que recevoir les
impressions des objets, & laisser affecter ses organes ; la lumière brille

long-temps à ſes yeux avant que de
l'éclairer. D'abord il reçoit tout de la
Nature, & ne lui rend rien ; mais dès
que ſes ſens ſont affermis, dès qu'il
peut comparer ſes ſenſations, il ſe
réfléchit vers l'Univers, il forme des
idées, il les conſerve, les étend, les
combine : l'homme, & ſur - tout
l'homme inſtruit, n'eſt plus un ſimple individu, il repréſente en grande
partie l'eſpèce humaine entière, il a
commencé par recevoir de ſes pères
les connoiſſances qui leur avoient
été tranſmiſes par ſes ayeux ; ceux-ci
ayant trouvé l'art divin de tracer la
penſée, & de la faire paſſer à la
poſtérité, ſe font, pour ainſi dire,
identifiés avec leurs neveux ; les nôtres s'identifieront avec nous. Cette
réunion, dans un ſeul homme, de
l'expérience de pluſieurs ſiècles, re-
cule à l'infini les limites de ſon être :
ce n'eſt plus un individu ſimple, borné, comme les autres, aux ſenſa-

tions de l'inftant préfent, aux expériences du jour actuel ; c'eft à-peuprès l'être que nous avons mis à la place de l'efpèce entière ; il lit dans le paffé , voit le préfent, juge de l'avenir; & , dans le torrent des temps qui amène , entraîne , abforbe tous les individus de l'Univers, il trouve les efpèces conftantes, la Nature invariable : la relation des chofes étant toujours la même , l'ordre des temps lui paroît nul ; les loix du renouvellement ne font que compenfer à fes yeux celles de fa permanence ; une fucceffion continuelle d'êtres , tous femblables entr'eux, n'équivaut, en effet, qu'à l'exiftence perpétuelle d'un feul de ces êtres.

A quoi fe rapporte donc ce grand appareil de générations , cette immenfe profufion de germes , dont il en avorte mille & mille pour un qui réuffit ? Qu'eft-ce que cette propagation, cette multiplication des êtres, qui, se détruisant & se renouvelant sans cesse, n'offrent toujours que la même scène, & ne remplissent ni plus ni moins la Nature? D'où viennent ces alternatives de mort & de vie, ces loix d'accroissement & de dépérissement, toutes ces vicissitudes individuelles, toutes ces représentations renouvelées d'une seule & même chose? Elles tiennent à l'essence même de la Nature, & dépendent du premier établissement de la machine du Monde : fixe dans son tout, & mobile dans chacune de ses parties, les mouvemens généraux des corps célestes ont produit les mouvemens particuliers du globe de la terre. Les forces pénétrantes dont ces grands corps sont animés, par lesquelles ils agissent au loin, & réciproquement les uns sur les autres, animent aussi chaque atome de matière; & cette propension mutuelle de toutes ces parties les unes vers les autres, eſt le premier lien des êtres, le principe de la conſiſtance des choſes, & le ſoutien de l'harmonie de l'Univers. Les grandes combinaiſons ont produit les petits rapports : le mouvement de la terre, ſur ſon axe, ayant partagé, en jours & en nuits, les eſpaces de la durée ; tous les êtres vivans, qui habitent la terre, ont leur temps de lumière & leur temps de ténèbres, la veille & le ſommeil : une grande portion de l'économie animale, celle de l'action des ſens & du mouvement des membres, eſt relative à cette première combinaiſon. Y auroit-il des ſens ouverts à la lumière, dans un Monde où la nuit ſeroit perpétuelle ?

L'inclinaiſon de l'axe de la terre, produiſant, dans ſon mouvement annuel autour du ſoleil, des alternatives durables de chaleur & de froid, que nous avons appellées *des ſaiſons* ; tous les êtres végétaux ont auſſi, en

tout ou en partie, leur faison de vie
& leur faifon de mort. La chûte des
feuilles & des fruits, le defféchement
des herbes, la mort des infectes, dépendent en entier de cette feconde
combinaifon : dans les climats où elle
n'a pas lieu, la vie des végétaux n'eft
jamais fufpendue ; chaque infecte vit
fon âge ; & ne voyons-nous pas, fous
la ligne, où les quatre faifons n'en
font qu'une, la terre toujours fleu-
rie, les arbres continuellement verds,
& la Nature toujours au printemps ?

La conftitution particulière des
animaux & des plantes, eft relative
à la température générale du globe de
la terre, & cette température dépend
de fa fituation, c'eft-à-dire, de la diftance à laquelle il fe trouve de celui
du foleil. A une diftance plus grande,
nos animaux, nos plantes ne pourroient ni vivre, ni végéter ; l'eau, la
féve, le fang, toutes les autres liqueurs perdroient leur fluidité : à une

distance moindre , elles s'évanoui-
roient, & se dissiperoient en vapeurs.
La glace & le feu sont les élémens
de la mort : la chaleur tempérée est le
premier germe de la vie.

Les molécules vivantes , répandues
dans tous les corps organisés, sont
relatives, & pour l'action & pour le
nombre , aux molécules de la lumière, qui frappent toute matière ,
& pénètrent de leur chaleur : par-
tout où les rayons du soleil peuvent
échauffer la terre, sa surface se vivi-
fie, se couvre de verdure, & se peuple d'animaux ; la glace même, dès
qu'elle se résout en eau , semble se
féconder. Cet élément est plus fertile
que celui de la terre; il reçoit, avec
la chaleur, le mouvement & la vie :
la mer produit, à chaque saison, plus
d'animaux que la terre n'en nourrit,
elle produit moins de plantes; & tous
ces animaux qui nagent à la surface
des eaux , ou qui en habitent les

profondeurs, n'ayant pas, comme ceux de la terre, un fonds de subsistance assuré sur les substances végétales, sont forcés de vivre les uns sur les autres; & c'est à cette combinaison que tient leur immense multiplication, ou plutôt leur pullulation sans nombre.

Chaque espèce & des uns & des autres ayant été créée, les premiers individus ont servi de modèle à tous leurs descendans. Le corps de chaque animal, ou de chaque végétal, est un moule auquel s'assimilent indifféremment les molécules organiques de tous les animaux, ou végétaux, détruits par la mort & consumés par le temps : les parties brutes, qui étoient entrées dans leur composition, retournent à la masse commune de la matière brute; les parties organiques, toujours subsistantes, sont reprises par les corps organisés : d'abord repompées par les végétaux, ensuite abſorbées par les animaux qui ſe nourriſſent de végétaux, elles ſervent au développement, à l'entretien, à l'accroiſſement & des uns & des autres; elles conſtituent leur vie, &, circulant continuellement de corps en corps, elles animent tous les êtres organiſés. Le fonds des ſubſtances vivantes eſt donc toujours le même; elles ne varient que par la forme, c'eſt-à-dire, par la différence des repréſentations : dans les ſiècles d'abondance, dans les temps de la plus grande population, le nombre des hommes, des animaux domeſtiques, & des plantes utiles, ſemble occuper & couvrir en entier la ſurface de la terre; celui des animaux féroces, des inſectes nuiſibles, des plantes paraſites, des herbes inutiles, reparoît, & domine, à ſon tour, dans les temps de diſette & de dépopulation. Ces variations, ſi ſenſibles pour l'homme, ſont indifférentes à la Nature : le ver

à foie, si précieux pour lui, n'est pour
elle que la chenille du mûrier ; que
cette chenille du luxe disparoisse ,
que d'autres chenilles dévorent les
herbes destinées à engraisser nos
bœufs, que d'autres enfin minent ,
avant la récolte , la substance de nos
épis ; qu'en général, l'homme & les
espèces majeures dans les animaux
soient affamés par les espèces infi-
mes, la Nature n'en est ni moins rem-
plie, ni moins vivante : elle ne pro-
tége pas les uns aux dépens des autres , elle les soutient toutes ; mais
elle méconnoît le nombre dans les
individus , & ne les voit que comme
des images successives d'une seule &
même empreinte, des ombres fugiti-
ves dont l'espèce est le corps.

Il existe donc sur la terre , & dans
l'air & dans l'eau, une quantité dé-
terminée de matière organique que
rien ne peut détruire : il existe en
même temps un nombre déterminé

de moules capables de se l'assimiler,
qui se détruisent & se renouvellent à
chaque instant ; & ce nombre de
moules, ou d'individus, quoique
variable dans chaque espèce, est au
total toujours le même, toujours
proportionné à cette quantité de matière vivante. Si elle étoit surabon-
dante, si elle n'étoit pas, dans tous
les temps, également employée, &
entièrement absorbée par les moules
résistans, il s'en formeroit d'autres,
& l'on verroit paroître des espèces
nouvelles ; parce que cette matière
vivante ne peut demeurer oisive ;
parce qu'elle est toujours agissante,
& qu'il suffit qu'elle s'unisse avec des
parties brutes pour former des corps
organisés. C'est à cette grande combinaison, ou plutôt à cette invariable proportion, que tient la fortune
même de la Nature.

Et comme son ordonnance est fixe
pour le nombre, le maintien &

l’équilibre des efpèces, elle fe pré-
fenteroit toujours fous la même face,
& feroit dans tous les temps, & fous
les climats, abfolument & relativement la même, fi fon habitude ne
varioit pas, autant qu’il eft poffible,
dans toutes les formes individuelles.
L’empreinte de chaque efpèce eft un
type, dont les principaux traits font
gravés en caractères ineffaçables &
permanens à jamais; mais toutes les
touches acceffoires varient, aucun
individu ne reffemble parfaitement
à un autre, aucune efpèce n’exifte
fans un grand nombre de variétés :
dans l’efpèce humaine, fur laquelle
le fceau divin a le plus appuyé,
l’empreinte ne laiffe pas de varier du
blanc au noir, du petit au grand,
&c. Le Lapon, le Patagon, l’Hottentot, l’Européen, l’Américain, le
Nègre, quoique tous iffus du même
père, font bien éloignés de fe reffem-
bler comme frères.

Toutes les efpèces font donc fujettes aux différences purement individuelles ; mais les variétés conftantes, & qui fe perpétuent par les générations, n'appartiennent pas également à tous : plus l'efpèce eft élevée, plus le type en eft ferme, &
moins elle admet de ces variétés.
L'ordre, dans la multiplication des
animaux, étant, en raifon inverfe
de l'ordre de grandeur, & la poffibi-
lité des différences, en raifon directe
du nombre, dans le produit de leur
génération, il étoit néceffaire qu'il y
eût plus de variétés dans les petits
animaux que dans les grands. Il y a
auffi, & par la même raifon, plus
d'efpèces voifines : l'unité de l'efpèce
étant plus refferrée dans les grands
animaux, la diftance, qui la fépare
des autres, eft auffi plus étendue.
Que de variétés & d'efpèces voifines
accompagnent, fuivent & précèdent
l'écureuil, le rat, & les autres petits

animaux, tandis que l'éléphant marche seul & sans pair à la tête de tous!

La matière brute, qui compose la masse de la terre, n'est pas un limon vierge, une substance intacte, & qui n'ait pas subi des altérations : tout a été remué par la force des grands & des petits agens, tout a été manié plus d'une fois par la main de la Nature ; le globe de la terre a été pénétré par le feu, & ensuite recouvert & travaillé par les eaux ; le sable qui en remplit le dedans est une matière vitrée ; les lits épais de glaise qui le recouvrent au dehors, ne font que ce même sable décomposé par le séjour des eaux ; le roc vif, le granite, le grès, tous les cailloux, tous les métaux ne font encore que cette même matière vitrée, dont les parties se font réunies, pressées ou séparées selon les loix de leur affinité. Toutes ces substances font parfaitement brutes, elles existent & existeroient indé-

pendamment des animaux & des végétaux ; mais d'autres fubftances en
très-grand nombre, & qui paroiffent
également brutes, tirent leur origine
du détriment des corps organifés : les
marbres, les pierres à chaux, les gra-
viers, les craies, les marnes, ne font
compofés que de débris de coquil-
lages & des dépouilles de ces petits
animaux, qui, transformant l'eau de
la mer en pierre, produifent le corail
& tous les madrepores, dont la variété eft innombrable & la quantité
prefque immenfe. Les charbons de
terre, les tourbes, & les autres matières qui fe trouvent auffi dans les
couches extérieures de la terre, ne
font que le réfidu des végétaux plus
ou moins détériorés, pourris & con-
fumés. Enfin, d'autres matières en
moindre nombre, telles que les pier-
res-ponces, les foufres, les mâche-
fers, les amiantes, les laves, ont été
jetées par les volcans, & produites

par une seconde action du feu sur
les matières premières. L'on peut réduire à ces trois grandes combinai-
sons tous les rapports des corps bruts,
& toutes les subtances du règne
minéral.

Les loix d'affinité, par lesquelles
les parties constituantes de ces différentes substances se séparent des autres, pour se réunir entre elles & former des matières homogènes, sont les
mêmes que la loi générale par laquelle tous les corps célestes agissent
les uns sur les autres. Elles s'exercent
également & dans les mêmes rapports
des masses & des distances : un globule d'eau, de sable & de métal, agit
sur un autre globule, comme le
globe de la terre agit sur celui de la
lune ; & si jusqu'à ce jour on a regardé ces loix d'affinité comme différentes de celles de pesanteur, c'est
faute de les avoir bien conçues, bien
saisies ; c'est faute d'avoir embrassé

cet objet dans toute son étendue. La figure qui, dans les corps célestes, ne fait rien, ou presque rien, à la loi de l'action des uns sur les autres, parce que la distance est très-grande, fait au contraire presque tout lorsque la distance est très-petite ou nulle. Si la lune & la terre, au lieu d'une figure sphérique, avoient toutes deux celle d'un cylindre court, & d'un diamètre égal à celui de leurs sphères, la loi de leur action réciproque ne seroit pas sensiblement altérée par cette différence de figure, parce que la distance de toutes les parties de la lune à celles de la terre n'auroit aussi que très-peu varié. Mais si ces mêmes globes devenoient des cylindres très-étendus & voisins l'un de l'autre, la loi de l'action réciproque de ces deux corps paroîtroit fort différente, parce que la distance de chacune de leurs parties entre elles, & relativement aux parties de l'autre, auroit prodigieufement changé : ainfi, dès que la figure entre comme élément dans la diftance, la loi paroît varier, quoique au fond elle foit toujours la même.

D'après ce principe, l'efprit humain peut encore faire un pas, & pénétrer plus avant dans le fein de la Nature. Nous ignorons quelle eft la figure des parties conftituantes des corps : l'eau, l'air, la terre, les métaux, toutes les matières homogènes font certainement compofées de parties élémentaires femblables entre elles, mais dont la forme eft inconnûe. Nos neveux pourront, à l'aide du calcul, s'ouvrir ce nouveau champ de connoiffances, & favoir à-peu-près de quelle figure font les élémens des corps; ils partiront du principe que nous venons d'établir, ils le prendront pour bafe : *Toute matière s'attire, en raifon inverfe, du carré de la diftance; & cette loi générale ne paroît*

varier, dans les attractions particu-
liéres, que par l'effet de la figure des
parties conſtituantes de chaque ſubſtance, parce que cette figure entre
comme élément dans la diſtance. Lorſqu'ils auront donc acquis, par des
expériences réitérées, la connoiſſance
de la loi d'attraction d'une ſubſtance
particulière, ils pourront trouver,
par le calcul, la figure de ſes parties
conſtituantes. Pour le faire mieux
ſentir, ſuppoſons, par exemple,
qu'en mettant du vif-argent ſur un
plan parfaitement poli, on recon-
noiſſe, par des expériences, que ce
métal fluide s'attire toujours, en raiſon inverſe, du cube de la diſtance,
il faudra chercher, par des règles de
fauſſe poſition, quelle eſt la figure
qui donne cette expreſſion, & cette
figure ſera celle des parties conſtituantes du vif-argent. Si l'on trou-
voit, par ces expériences, que ce
métal s'attire, en raiſon inverſe, du

carré de la distance , il seroit démontré que ses parties constituantes sont
sphériques , puisque la sphère est la
seule figure qui donne cette loi ; &
qu'à quelques distances que l'on place
des globes, la loi de leur attraction
est toujours la même.

Newton a bien soupçonné que les
affinités chimiques, qui ne sont autre
chose que les attractions particulières
dont nous venons de parler , se faisoient par des loix assez semblables à
celles de la gravitation : mais il ne
paroît pas avoir vu que toutes ces
loix particulières n'étoient que de
simples modifications de la loi générale , & qu'elles n'en paroissent différentes que parce qu'à une très-petite
distance la figure des atomes qui s'at-
tirent , fait autant & plus que la
masse pour l'expression de la loi ;
cette figure entrant alors pour beaucoup dans l'élément de la distance.

C'est cependant à cette théorie que
tient

tient la connoiſſance intime de la
compoſition des corps bruts : le fonds
de toute matière eſt le même ; la
maſſe & volume, c'eſt-à-dire, la forme, ſeroit auſſi la même, ſi la figure
des parties conſtituantes étoit ſemblable. Une ſubſtance homogène ne
peut différer d'une autre, qu'autant
que la figure de ſes parties primitives
eſt différente : celle dont toutes les
molécules ſont ſphériques, doit être
ſpécifiquement une fois plus légère
qu'une autre dont les molécules ſeroient cubiques, parce que les premières ne pouvant ſe toucher que par
des points, laiſſent des intervalles
égaux à l'eſpace qu'elles rempliſſent,
tandis que les parties ſuppoſées cubiques peuvent ſe réunir toutes, ſans
laiſſer le moindre intervalle, & former par conſéquent une matière une
fois plus peſante que la première. Et,
quoique les figures puiſſent varier à
l'infini, il paroît qu'il n'en exiſte pas

Q

autant dans la Nature, que l'esprit pourroit en concevoir ; car elle a fixé les limites de la pesanteur & de la légèreté. L'or & l'air sont les deux extrêmes de toute densité : toutes les figures admises, exécutées par la Nature, sont donc comprises entre ces deux termes, & toutes celles qui auroient pu produire des substances plus pesantes, ou plus légères, ont été rejetées,

Au reste, quand je parle des figures employées par la Nature, je n'entends pas qu'elles soient nécessairement, ni même exactement semblables aux figures géométriques qui existent dans notre entendement ; c'est par supposition que nous les faisons régulières, & par abstraction que nous les rendons simples. Il n'y a peut-être ni cubes exacts, ni sphères parfaites dans l'Univers ; mais comme rien n'existe sans forme, & que, selon la diversité des substances, les figures de leurs élémens sont différentes, il y en a nécessairement qui approchent de la sphère, ou le cube, & toutes les autres figures régulières que nous avons imaginées : le précis, l'absolu, l'abstrait, qui se présentent si souvent à notre esprit, ne peuvent se trouver dans le réel, parce que tout y est relatif, tout s'y fait par nuance, tout s'y combine par approximation. De même, lorsque j'ai parlé d'une substance qui seroit entièrement pleine, parce qu'elle seroit composée de parties cubiques & d'une autre substance qui ne seroit qu'à moitié pleine, parce que toutes ses parties constituantes seroient sphériques, je ne l'ai dit que par comparaison, & je n'ai pas prétendu que ces substances existassent dans la réalité : car l'on voit par l'expérience des corps transparens, tels que le verre, qui ne laisse pas d'être dense & pesant, que la quantité de matière y est

très-petite en comparaison de l'étendue des intervalles ; & l'on peut démontrer que l'or, qui est la matière
la plus dense , contient beaucoup
plus de vuide que de plein.

La considération des forces de la
Nature est l'objet de la méchanique
rationnelle ; celui de la méchanique
sensible n'est que la combinaison de
nos forces particulières, & se réduit
à l'art de faire des machines. Cet art
a été cultivé de tout temps, par la
nécessité, & pour la commodité : les
Anciens y ont excellé ; mais la méchanique rationnelle est une science
née, pour ainsi dire, de nos jours.
Tous les Philosophes, depuis Aristote
à Descartes, ont raisonné comme le
peuple sur la nature du mouvement ;
ils ont unanimement pris l'effet pour
la cause ; ils ne connoissoient d'autre force que celle de l'impulsion,
encore la connoissoient - ils mal, ils
lui attribuoient les effets des autres

forces, ils vouloient y ramener tous les phénomènes du monde. Pour que le projet eût été plausible & la chose possible, il auroit au moins fallu que cette impulsion, qu'ils regardoient comme chose unique, fût un effet général & constant qui appartînt à toutes matières, qui s'exerçât continuellement dans tous les temps. Le contraire leur étoit démontré : ne voyoient-ils pas que, dans les corps en repos, cette force n'existe pas ; que, dans les corps lancés, son effet ne subsiste qu'un petit temps, qu'il est bientôt détruit par les résistances, que, pour le renouveler, il faut une nouvelle impulsion ; que par conséquent, bien - loin qu'elle soit une cause générale, elle n'est, au contraire, qu'un effet particulier & dépendant d'effets plus généraux ?

Or, un effet général est ce qu'on doit appeler une cause ; car la cause réelle de cet effet général ne nous

sera jamais connue, parce que nous
ne connoiſſons rien que par compa-
raiſon, & que l'effet étant ſuppoſé
général & appartenant également à
tout, nous ne pouvons le comparer
à rien, ni par conſéquent le connoître autrement que par le fait : ainſi
l'attraction, ou, ſi l'on veut, la pe-
ſanteur étant un effet général & commun à toute matière, & démontré
par le fait, doit être regardé comme
une cauſe, & c'eſt à elle qu'il faut
rapporter les autres cauſes particulières, & même l'impulſion peut dépendre en effet de l'attraction. Si l'on
réfléchit à la communication du mouvement par le choc, on ſentira bien
qu'il ne peut ſe tranſmettre d'un
corps à un autre que par le moyen
du reſſort, & l'on reconnoîtra que
toutes les hypothèſes qu'on a faites
ſur la tranſmiſſion du mouvement
dans les corps durs, ne ſont que des
jeux de notre eſprit, qui ne pour-

roient s'exécuter dans la Nature. Un corps parfaitement dur n'eſt en effet qu'un être de raiſon, comme un corps parfaitement élaſtique n'eſt encore qu'un autre être de raiſon : ni l'un ni l'autre n'exiſtent dans la réalité, parce qu'il n'y exiſte rien d'abſolu, rien d'extrême, & que le mot, ou l'idée de parfait, n'eſt jamais que l'abſolu, ou l'extrême de la choſe.

S'il n'y avoit point de reſſort dans la matière, il n'y auroit donc nulle force d'impulſion. Lorſqu'on jette une pierre, le mouvement qu'elle conſerve n'a-t-il pas été communiqué par le reſſort du bras qui l'a lancée ? Lorſqu'un corps en mouvement en rencontre un autre en repos, comment peut-on concevoir qu'il lui communique ſon mouvement, ſi ce n'eſt en comprimant le reſſort des parties élaſtiques qu'il renferme, lequel, ſe rétabliſſant immédiatement après la compreſſion, donne à la

masse totale la même force qu'il vient
de recevoir ? On ne comprend point
comment un corps parfaitement dur
pourroit admettre cette force, ni recevoir du mouvement; & d'ailleurs
il est très-utile de chercher à le comprendre, puisqu'il n'en existe point
de tel. Tous les corps, au contraire,
sont doués de ressort : les expériences
sur l'électricité prouvent que la force
élastique appartient généralement à
toute matière : quand il n'y auroit
donc, dans l'intérieur des corps,
d'autres ressorts que celui de cette
matière électrique, il suffiroit pour
la communication du mouvement;
& par conséquent c'est à ce grand
ressort, comme effet général, qu'il
faut attribuer la cause particulière
de l'impulsion.

Maintenant, si nous réfléchissons
sur la méchanique du ressort, nous
trouverons que sa force dépend elle-
même de celle de l'attraction. Pour

le voir plus clairement, figurons-nous
le reſſort le plus ſimple, un angle ſolide de fer, ou de toute autre matière
dure. Qu'arrive-t-il lorſque nous le
comprimons ? Nous forçons les parties voiſines du ſommet de l'angle
de fléchir, c'eſt-à-dire, de s'écarter
un peu les unes des autres ; &, dans
le moment que la compreſſion ceſſe,
elles ſe rapprochent & ſe rétabliſſent
comme elles étoient auparavant. Leur
adhérence, de laquelle réſulte la
cohéſion du corps, eſt, comme l'on
ſait, un effet de leur attraction mutuelle : lorſque l'on preſſe le reſſort,
on ne détruit pas cette adhérence,
parce que, quoiqu'on écarte les parties, on ne les éloigne pas aſſez les
unes des autres pour les mettre hors
de leur ſphère d'attraction mutuelle ;
& par conſéquent, dès qu'on ceſſe
de preſſer, cette force qu'on remet,
pour ainſi dire, en liberté, s'exerce,
les parties ſéparées ſe rapprochent,

Q 5

& le reffort fe rétablit. Si au contraire, par une preffion plus forte,
on les écarte au point de les faire
fortir de leur fphère d’attraction, le
reffort fe rompt, parce que la force
de la compreffion a été plus grande
que celle de la cohérence, c’eft-à-
dire, plus grande que celle de l’attraction mutuelle qui réunit les parties: le reffort ne peut donc s’exercer qu’autant que les parties de la
matière ont de la cohérence, c’eft-
à-dire, autant qu’elles font unies par
la force de leur attraction mutuelle;
& par conféquent le reffort, en général, qui feul peut produire l’impulfion, & l’impulfion elle-même,
fe rapportent à la force d’attraction,
& en dépendent comme des effets
particuliers d’un effet général.

Quelque nettes que me paroiffent
ces idées, quelque fondées que foient
ces vues, je ne m’attends pas à les
voir adopter : le peuple ne raifon-

nera jamais que d'après les senfations, & le vulgaire des Phyficiens
d'après des préjugés. Or, il faut mettre à part les unes, & renoncer aux
autres, pour juger de ce que nous
propofons : peu de gens en jugeront
donc, & c'eft le lot de la vérité ;
mais auffi très-peu de gens lui suffi-
fent, elle fe perd dans la foule, &,
quoique toujours augufte & majef-
tueufe, elle eft fouvent obfcurcie
par de vieux fantômes, ou totalement effacée par des chimères brillantes. Quoi qu'il en foit, c'eft ainfi
que je vois, que j'entends la Nature,
(peut-être eft-elle encore plus fimple
que ma vue) : une feule force eft la
caufe de tous phénomènes de la matière brute ; & cette force, réunie
avec celle de la chaleur, produit les
molécules vivantes, defquelles dépendent tous les effets des fubftances
organifées.

Q 6

XLII.

VOLCANS.

LES montagnes ardentes, qu'on appelle *volcans*, renferment dans leur sein le soufre, le bitume, & les matières qui servent d'aliment à un feu souterrain, dont l'effet, plus violent que celui de la poudre ou du tonnerre, a de tout temps étonné, effrayé les hommes, & désolé la terre. Un volcan est un canon d'un volume immense, dont l'ouverture a souvent plus d'une demi-lieue : cette large bouche à feu vomit des torrens de fumée & de flammes, des fleuves de bitume, de soufre, & de métal fondu, des nuées de cendre & de pierres ; & quelquefois elle lance, à plusieurs lieues de distance, des masses de rochers énormes, & que toutes les forces humaines réunies ne pour-

roient pas mettre en mouvement.
L'embrafement eft fi terrible, & la
quantité des matières ardentes, fon-
dues, calcinées, vitrifiées, que la
montagne rejette, eft fi abondante,
qu'elles enterrent les villes & les forêts, couvrent les campagnes de cent
& deux cents pieds d'épaiffeur, &
forment quelquefois des collines &
des montagnes, qui ne font que des
monceaux de matières entaffées. L'action de ce feu eft fi grande, la force
de l'explofion eft fi violente, qu'elle
produit, par fa réaction, des fecouf-
fes affez fortes pour ébranler la terre
& la faire trembler, agiter la mer,
renverfer les montagnes, détruire les
villes & les édifices les plus folides,
à des diftances même très - confidé-
rables.

XLIII.

PHILOSOPHIE.

Dans ce siècle où les Sciences paroissent cultivées avec soin, je crois qu'il est aisé de s'appercevoir que la philosophie est négligée, & peut-être plus que dans aucun autre siècle (a).

(a) Il faut convenir, avec M. de Buffon, que la philosophie n'a jamais été plus rare, que dans le siècle qui s'est arrogé si fastueusement le titre de philosophique. L'âge heureux de Louis XIV a été illustré par les *Descartes*, les *Gassendi*, les *Pascal*, les *Arnaud*, les *Nicole*, les *Bossuet*, les *Mallebranche*, les *Bayle*, &c. En est-il un seul, parmi les Philosophistes de nos jours, qui puisse balancer la gloire de ces grands hommes ? Et s'ils restituoient, dit un célèbre Critique, ce qu'ils ont dérobé à *Montagne*, à *Charron*, à *le Vayer*, &c.

Les Arts, qu'on veut appeler *scientifiques*, ont pris sa place : les mé-

---

&c., à quoi se réduiroient leurs ouvrages ?

En qnoi consiste donc cet esprit prétendu philosophique, qui fait le caractère du siècle où nous vivons, & qui brille dans les écrits de nos Sages ? Chez les uns, il consiste à se frayer de nouvelles routes, à fronder toute opinion dominante, à affecter un doute universel, à se croire seuls éclairés. Chez les autres, cet esprit s'identifie avec la Géométrie, science aussi stérile qu'impérieuse, qui donne tout à la spéculation, rien à l'homme; qui proscrit les autres sciences, & déclare futile tout raisonnement qui ne roule pas sur des signes & sur des nombres.

Qu'on se familiarise avec les écrits de *Cicéron*, de *Tacite*, de *Bacon*, de *Leibnitz*, de *Bayle*, de *Loke*, de *Montesquieu*, &c., & l'on aura une juste idée du véritable esprit philosophique. Il consiste, dit un Anglois, à pouvoir

thodes de calcul & de Géométrie, celles de Botanique & d'Histoire Naturelle, les formules, en un mot, & les Dictionnaires, occupent presque tout le monde. On s'imagine savoir davantage, parce qu'on a augmenté le nombre des expressions symboli-

---

remonter aux idées simples, à saisir, & à combiner les premiers principes. Le vrai Philosophe voit les choses dans leur vérité, & dans leurs justes rapports. Placé sur une hauteur, il embrasse une grande étendue de pays, dont il se forme une image nette & unique, pendant que des esprits aussi justes, mais plus bornés, n'en découvrent qu'une partie. Il peut être Géomètre, Antiquaire, Musicien ; mais il est toujours Philosophe, &, à force de pénétrer les premiers principes de son Art, il lui devient supérieur. Nul n'acquiert cet esprit. C'est un don du Ciel. Il n'y a point d'Ecrivain qui n'y aspire : M. *de Buffon* est presque le seul de nos jours qui l'ait reçu.

ques & des phrases savantes ; & on
ne fait pas attention que tous ces
Arts ne font que des échafaudages
pour arriver à la science, & non pas
la science elle-même ; qu'il ne faut
s'en servir que lorsqu'on ne peut s'en
passer ; & qu'on doit toujours se
défier qu'ils ne viennent à nous manquer, lorsque nous voudrons les appliquer à l'édifice.

XLIV.

TOUT EST BIEN.

LES animaux nuisibles font en
bien plus grand nombre que les animaux utiles ; & quoiqu'en tout, ce
qui nuit paroisse plus abondant que
ce qui sert, cependant tout est bien,
parce que, dans l'Univers physique,
le mal concourt au bien, & que
rien, en effet, ne nuit à la Nature.
Si nuire est détruire des êtres animés,

l’homme, considéré comme faisant partie du syſtême général de ces êtres, n’eſt-il pas l’eſpèce la plus nuiſible de toutes ? Lui ſeul immole, anéantit plus d’individus vivans, que tous les animaux carnaſſiers n’en dévorent. Ils ne ſont donc nuiſibles que parce qu’ils ſont rivaux de l’homme, parce qu’ils ont les mêmes appétits, le même goût pour la chair, & que, pour ſubvenir à un beſoin de pre-mière néceſſité, ils lui diſputent quel-quefois une proie qu’il réſervoit à ſes excès ; car nous ſacrifions plus encore à notre intempérance, que nous ne donnons à nos beſoins. Deſtructeurs nés des êtres qui nous ſont ſubordon-nés, nous épuiſerions la Nature ſi elle n’étoit inépuiſable ; ſi, par une fécondité auſſi grande que notre dé-prédation, elle ne ſavoit ſe réparer elle-même, & ſe renouveler. Mais il eſt dans l’ordre que la mort ſerve à la vie, que la reproduction naiſſe de

la deſtruction : quelque grande, quelque prématurée que ſoit donc la dépenſe de l'homme & des animaux
carnaſſiers, le fonds, la quantité totale de ſubſtance vivante n'eſt point
diminuée ; & , s'ils précipitent les
deſtructions , ils hâtent en même
temps des naiſſances nouvelles.

XLV.

STYLE.

LE ſtyle n'eſt que l'ordre & le
mouvement qu'on met dans ſes penſées. Si on les enchaîne étroitement,
ſi on les ſerre, le ſtyle devient fort
nerveux & concis ; ſi on les laiſſe ſe
ſuccéder lentement, & ne ſe joindre
qu'à la faveur des mots, quelque
élégans qu'ils ſoient, le ſtyle ſera dif-
fus, lâche & traînant.

Mais avant de chercher l'ordre
dans lequel on préſentera ſes penſées,

il faut s'en être fait un autre plus
général, où ne doivent entrer que
les premières vues & les principales
idées : c'est en marquant leur place
sur ce plan, qu'un sujet sera cir-
conscrit, & que l'on en connoîtra
l'étendue.

Ce plan n'est pas encore le style,
mais il en est la base, il le soutient,
il le dirige, il règle son mouvement,
& le soumet à des loix. Sans cela, le
meilleur Ecrivain s'égare, sa plume
marche sans guide, & jette à l'aven-
ture des traits irréguliers. Quelque
brillantes que soient les couleurs qu'il
emploie, quelques beautés qu'il
seme dans les détails, comme l'ensemble choquera, ou ne se fera point
sentir, l'ouvrage ne sera point construit ; &, en admirant l'esprit de
l'Auteur, on pourra soupçonner qu'il
manque de génie.

Pourquoi les ouvrages de la Nature sont-ils si parfaits ? C'est que

chaque ouvrage eſt un tout , &
qu'elle travaille ſur un plan éternel
dont elle ne s'écarte jamais : elle pré-
pare en ſilence les germes de ſes productions : elle ébauche , par un acte
unique , la forme primitive de tout
être vivant ; elle la développe , elle la
perfectionne par un mouvement con-
tinu , & dans un temps preſcrit. L'ouvrage étonne , mais c'eſt l'empreinte
divine , dont il porte les traits , qui
doit nous frapper. L'eſprit humain ne
peut rien créer , il ne produira qu'a-
près avoir été fécondé par l'expérience & la méditation : ſes connoiſſances ſont les germes de ſes productions ; mais s'il imite la Nature dans
ſa marche & dans ſon travail , s'il
s'élève par la contemplation aux vérités les plus ſublimes , s'il les réunit , s'il les enchaîne , s'il en forme
un ſyſtême par la réflexion , il établira
ſur des fondemens inébranlables des
monumens éternels.

C'eſt faute de plan, c'eſt pour n'a-
voir pas aſſez réfléchi ſur ſon objet,
qu'un homme d'eſprit ſe trouve em-
barraſſé, & ne ſait par-où commencer
à écrire. Il apperçoit à la fois un grand
nombre d'idées : comme il ne les a ni
comparées, ni ſubordonnées, rien
ne le détermine à préférer les unes
aux autres; il demeure donc dans la
perplexité : mais lorſqu'il ſe ſera fait
un plan, lorſqu'une fois il aura raſſemblé & mis en ordre toutes les idées
eſſentielles à ſon ſujet, il s'appercevra aiſément de l'inſtant auquel il
doit prendre la plume, il ſentira le
point de maturité de la production
de l'eſprit, il ſera preſſé de la faire
éclore, il n'aura même que du plaiſir
à écrire, les penſées ſe ſuccéderont
aiſément, & le ſtyle ſera naturel &
facile; la chaleur naîtra de ce plaiſir,
ſe répandra par-tout, & donnera de
la vie à l'expreſſion; tout s'animera
de plus en plus; le ton s'élevera, les

objets prendront de la couleur; & le sentiment, se joignant à la lumière, l'augmentera, la portera plus loin, la fera passer de ce que l'on dit à ce que l'on va dire; & le style deviendra intéressant & lumineux.

Rien ne s'oppose plus à la chaleur, que le désir de mettre par-tout des traits saillans : rien n'est plus contraire à la lumière qui doit faire un corps, & se répandre uniformément dans un écrit, que ces étincelles qu'on ne tire que par force, en choquant les mots les uns contre les autres, & qui ne vous éblouissent, pendant quelques instans, que pour vous laisser ensuite dans les ténèbres. Ce sont des pensées qui ne brillent que par l'opposition : l'on ne présente qu'un côté de l'objet; on met dans l'ombre toutes les autres faces, & ordinairement ce côté qu'on choisit est une pointe, un angle sur lequel on fait jouer l'esprit avec d'autant plus de facilité, qu'on l'éloigne davantage des grandes faces, fous lefquelles le bon fens a coutume de confidérer les chofes.

Rien n'eft encore plus oppofé à la véritable éloquence, que l'emploi de ces penfées fines, & la recherche de ces idées légères, déliées, fans confiftance, & qui, comme la feuille du métal battu, ne prennent de l'éclat qu'en perdant de la folidité. Ainfi, plus on mettra de cet efprit mince & brillant dans un écrit, moins il y aura de nerf, de lumière, de chaleur, & de ftyle.

Rien n'eft plus oppofé au beau naturel, que la peine qu'on fe donne pour exprimer des chofes ordinaires ou communes, d'une manière finguliere ou pompeufe : rien ne dégrade plus l'Ecrivain. Loin de l'admirer, on le plaint d'avoir paffé tant de temps à faire de nouvelles combinaifons de fyllabes, pour ne dire que ce que tout le monde dit. Ce défaut eft celui des

efprits

esprits cultivés, mais stériles : ils ont des mots en abondance, point d'idées ; ils travaillent donc sur les mots, & s'imaginent avoir combiné des idées, parce qu'ils ont arrangé des phrases, & avoir épuré le langage, quand ils l'ont corrompu en détournant les acceptions. Ces Ecrivains n'ont point de style, ou, si l'on veut, ils n'en ont que l'ombre : le style doit graver des pensées, ils ne savent que tracer des paroles.

Bien écrire, c'est tout-à-la-fois bien penser, bien sentir, & bien rendre ; c'est avoir en même temps de l'esprit, de l'ame, & du goût. Les idées seules forment le fond du style, l'harmonie des paroles n'en est que l'accessoire ; elle ne dépend que de la sensibilité des organes. Le ton n'est que la convenance du style à la nature du sujet, il ne doit jamais être forcé ; il naîtra naturellement du fond de la chose : si l'on peut ajouter la

beauté du coloris à l'énergie du def-
fein, fi l'on peut, en un mot, repréfenter chaque idée par une image
vive, le ton fera fublime. Les ouvrages bien écrits feront les feuls qui
pafferont à la poftérité. S'il eft élevé,
noble, fublime, l'Auteur fera également-
ment admiré dans tous les temps.

F I N.